Winfried Picard
Die Liebe der Erde

Der Autor
Winfried Picard, Jg. 1948, arbeitete als Psychologischer Psychotherapeut (Dr. rer. pol.) in eigener Praxis. Er lebt naturverbunden auf einem Bauernhof, wo er einen fruchtbaren Garten biologisch bewirtschaftet. Er ist Autor des Buches Ein gutes Leben im Moor (Edition Falkenberg, 2018).

Für Eva Picard und Magdalena Hochscheid in dankbarer Erinnerung

Titelabbildung und Bildnachweis: © Familie Picard

2. Auflage 2019

ISBN 978-3-95494-158-2
www.edition-falkenberg.de

Winfried Picard

Die Liebe der Erde

Vom Gärtnern, von der Selbstversorgung und uns Menschen

Edition Falkenberg

1. Zur Einführung

An einem Abend im August war ich wie beseligt. Kein Gedanke störte mich. Da war nur dieses Gefühl. Ich war total zufrieden und eins mit dem Garten. Zwischen uns passte kein Blatt mehr, als wäre ich auch eine Pflanze auf den Beeten. Die Arbeit war getan. Ich hatte Unkraut gejätet, Tomaten, Salat, Petersilie und Schnittlauch geerntet und die Kürbisse begutachtet. Bald würde ich die Reifen unter ihnen einsammeln. Die Sonne stand schon tief. Ruhe legte sich übers Land. Kein Lärm von Treckern war zu hören. Die Hühner standen vor ihrem Stall und warteten auf den Moment, da sie die Leiter hochsteigen und ihre Nachtruhe antreten wollten. Auf dem Weg ins Haus würde ich im Legekasten nachschauen und die Eier mitnehmen. Ich sah um mich. Der Augenblick hatte etwas Besonderes. Ein Zauber lag in der Luft. War irgendwo die Andeutung eines überirdischen Wesens? Mein Blick ging nach Süden und fiel auf die Front des angrenzenden Maisfeldes, die mir jenseits der Wiese die Sicht versperrte. Wie jedes Jahr von neuem hatte ich mich daran gewöhnt. Irgendwie erschien es mir an jenem Abend so, als gehöre der Mais in die Szenerie. Er war riesig gewachsen. Kein Wunder nach der Regenmenge des Sommers. Tauben gurrten von den nahen Birken. Leider sangen die Vögel nicht mehr ihr Abendlied, wie sie es bis in den Sommer hinein fleißig getan hatten. Da meldete sich ein Gedanke, oder war es eher eine Stimme, leise und freundlich. Was sagte sie? *»Die Liebe der Erde«*, glaubte ich zu vernehmen.

Ob ich davon schreiben sollte, dachte ich später. Aber wer würde mir das schon abnehmen: die Liebe der Erde? Wenn von Liebe die Rede wäre, dann doch so, dass Menschen ihre Zuneigung für Mutter Erde entdecken, die Dankbarkeit für ihr Leben auf der Erde, die Freude an den Genüssen dieser Erde oder die Zuversicht eines guten Lebens auf der Erde. Könnte ich dieses Gefühl, von der Erde geliebt zu werden, verständlich machen? Aber vielleicht würde es Menschen geben, die das auch so erleben. Ich habe noch nicht davon reden hören, doch das besagt nichts. Diese Ekstase behält man für sich. Andernfalls könnte man für manisch gehalten werden.

Doch lässt es sich mitteilen, im vertrauten Gespräch, beim Sonnenuntergang am Meer zum Beispiel, flüsternd, andächtig. Oder dort oben in den Bergen. Die Sonne steht schon tief, ihr Licht spielt warm, ja liebevoll auf den Höhen ringsum. Ein kurzer tiefer Atemzug, bevor sich die Wanderer zum Abstieg umdrehen. »Schön«, sagt einer und der andere nickt nur. Zwei Bilder von Caspar David Friedrich, »Der Wanderer über dem Nebelmeer« oder »Zwei Männer am Strand« kommen mir vor das innere Auge. Romantik? Ja, in dem Gefühl, von der Erde geliebt zu sein, taucht die »Blaue Blume« des 19. Jahrhunderts auf. Sie symbolisiert Sehnsucht und Liebe, verbunden mit der inneren Freiheit, die Gedanken in die Unendlichkeit und in verborgene Wirklichkeiten zu richten. Naturerlebnisse werden als Vermittler dieser Sehnsucht gesucht. Wir werden zu einem Teil der Natur, wie etwa in jener Metapher des Dichters Novalis, der die Natur mit einem Baum verglich, »wozu wir die Blütenknospen sind«, wie es im Originaltext heißt.

Als ich mich daransetzte, die Stimmung jenes Abends zu beschreiben, schien sich die Sprache zu verweigern. Mir fehlten die Worte. Mehr noch, das Erlebnis war wie in einer Blase eingekapselt, als sollte es einmalig bleiben. Paradox war allerdings, dass eine Art Auftrag überblieb, verbunden mit den Worten »Die Liebe der Erde«. Jedenfalls empfand ich es so. Darüber zu schreiben erschien mir aber unmöglich. Einige Tage haderte ich mit der Schreibblockade. Schließlich riet mir eine innere Stimme, zu vertrauen und einfach die Gedanken und Eindrücke aufzugreifen, die mir in der Herbst- und Winterzeit kommen würden. Der Rest würde sich von selbst ergeben. So begann das Schreiben. Währenddessen packte mich auch Neugier. Ich wollte mehr über diese und jene Gartenfrucht wissen und recherchierte. Wie gute nahrhafte Erde zustande kommt und was die Wurzeln für das Wachstum der Pflanzen bedeuten, interessierte mich. Bücher kamen zum Einsatz, die zum Teil schon lange im Regal standen.

Friedliche Abende verbrachte ich unter der Leselampe beim Studieren. Ich wurde zum gelehrigen Schüler der Natur. Es fiel mir nicht schwer, das Wissen aufzunehmen, das mir entgegenkam, und es mit Geschichten oder Erinnerungen zu verbinden. Das Leben ist wie ein Lesebuch, so erschien es mir, und ein interessantes dazu, wenn die auftauchenden Verknüpfungen erzählt werden.

Nun wundere ich mich, wie sich das Manuskript zu diesem Buch gewissermaßen von selbst ergeben hat. Im Nachhinein betrachtet fühle ich mich wie von einem verborgenem Wissen geleitet, das vom besagten Thema gewissermaßen durchdrungen ist und meine Betrachtungen dorthin steuerte, wo das verborgene Wissen mich hinbringen wollte.

Einige Kapitel greifen Themen aus meinem früheren Buch »Ein gutes Leben im Moor« auf, führen sie aber weiter aus. Manches habe ich nachdenklich, mitunter kritisch geschrieben. Wie viele Zeitgenossen mache ich mir große Sorgen um den Zustand der Welt. Wir müssen nicht alle gleicher Meinung sein, doch nachdenken müssen wir, was unsere Erde und unser Leben auf ihr betrifft. Und wir müssen handeln, es hilft alles nichts.

Andererseits gab mir vieles, was in den Computer floss, Anlass zum Schmunzeln. Bitte schmunzeln Sie mit!

Nun wünsche ich ein gutes Lesevergnügen mit den Worten des Worpsweder Künstlers Bernhard Hoetger: »Wer't mag, de mag't; und wer't nich mag, de mag't jo woll nich mög'n.«

2. Ein nicht ganz so gutes Jahr

Der Mangold stehe immer noch wie eine Eins, meinte Christa. Sie schaute im Gemüsegarten vorbei, um abzusprechen, was wir am Abend essen würden. Ich war damit beschäftigt, freie, abgeerntete Stellen in den Beeten mit Grasschnitt zu bedecken. Zustimmend sagte ich, der Mangold hätte sich dieses Jahr sehr gut gehalten. Es ist Mitte Oktober. Ich glaube, ich sollte mit dem Schreiben beginnen.

Was den Mangold betrifft: Er wirkt noch frisch und jugendlich. Das liegt daran, dass ich ihn vor sechs Wochen über der Erde gänzlich abgeschnitten hatte. Die geschnittenen Blätter hatte ich säuberlich über die frei liegenden Flächen neben die Pflanzen gelegt. Nun sind sie nachgewachsen und haben wieder die mild schmeckende Qualität wie im Frühjahr. Allerdings nähert sich der Herbst.

Christa und ich, Lebensgefährten seit über vierzig Jahren, leben nun zu zweit auf unserer Hofstelle. Sie umfasst ein gut hundert Jahre altes Bauernhaus, eine Scheune, das Haus unserer psychotherapeutischen Praxis, Wiesen und Ackerland sowie einen kleinen Waldbestand. Unsere Kinder sind schon lange erwachsen und gehen ihre eigenen Wege. In diesem Jahr sind wir zum fünften Mal Großeltern geworden. Viele Jahre arbeiteten wir selbständig in unserem Beruf. Diese Lebensphase geht bald zu Ende. Aber weiterhin werde ich den Garten, von dem wir Gemüse und Obst ernten, bewirtschaften. Soweit uns die Natur beschenkt und die zugehörige Arbeit von der Hand geht, versorgen wir uns mit Gartenfrüchten. Seit neunundzwanzig Jahren bemühen wir uns erfolgreich um Selbstversorgung.

Die Ernte im Gemüsegarten war dieses Jahr sehr zufriedenstellend. Und wie jedes Jahr gab es wieder Favoriten. Das waren einmal die Möhren, die zum Teil bemerkenswerte Größen erreichten und sehr saftig und fruchtig schmecken. Dann, wie schon erwähnt, der Mangold, der kaum Anstalten machte zu schießen. (Ein Thema, das Fragen aufwirft, die ich später behandeln will.) Und wie im letzten Jahr haben wir wieder schöne, wohl schmeckende Hokkaido-Kürbisse geerntet, so viele, dass wir einige verschenken. Die Knollengewächse Sellerie und Fenchel gerieten füllig und beinahe makellos. So weiß ich gar nicht, wie ich das Jahr nennen soll. »2017 – das Jahr der Möhren?« Oder doch eher »Das Jahr der Knollensellerie und Knollenfenchel«? Ich will ja keiner Sorte Unrecht tun. Das nehmen mir sonst manche anderen Gartenfrüchte übel.

Ganz schwach fiel hingegen das Wachstum der Roten Beete aus. Die Pflänzchen wollten nicht größer werden. Und als sie endlich das notwendige Blattwerk entwickelten, kamen eines Nachts die Rehe zu Besuch und schauten nach, was sie stibitzen könnten. Und siehe da, ein paar rötliche Blätter lagen frei und luden zum Genuss ein. Am nächsten Morgen waren die Pflänzchen bis zum Stil abgenagt. Die meisten anderen Beete waren mit Netzen bedeckt, um sie genau davor zu schützen. Denn im letzten Jahr hatten die nächtlichen Besucher Salate und Mangold recht kurz gehalten. Bis der Gärtner einsah, dass er konsequenter sein musste. Die Rote Beete hatten die Rehe bisher in Ruhe gelassen. Nun taten sie sich mangels schmackhafter Alternativen an ihr gütlich. Von dem Raubbau erholten sich die Pflänzchen nur langsam. Ansonsten aber konnten wir alle Gemüsesorten, die für unsere Nahrung notwendig sind, in ausreichender, ja üppiger Zahl ernten. Immer noch holen wir frischen Endivien- und Feldsalat von den Beeten, dies möglicherweise bis Dezember, soweit es das Wetter erlaubt. Außerdem wartet der Grünkohl auf uns. Petersilie und Schnittlauch, Porree und Möhren können ebenfalls noch erntefrisch gegessen werden. Schätzungsweise drei Zentner Kartoffeln sind im Vorratsraum eingekellert, ebenso wie ein paar Kilo Zwiebeln, die allerdings ein bisschen dicker hätten ausfallen dürfen, und natürlich die Kürbisse. Von den Zwiebeln will ich später erzählen.

Die Obsternte war zum erheblichen Teil dürftig. Nur ganz wenige Äpfel reiften heran. Von den Birnen war gar nichts zu sehen. Das lag an den Frostnächten in der Blütezeit. Die Apfelbauern im Alten Land klagten, sie hätten durch den Frost etwa ein Drittel der möglichen Ernte eingebüßt. Sie sind nicht zu beneiden, da der Obstanbau ihre finanzielle Existenz bedeutet.

Die Quitten in unserem Garten stehen zwar in Saft und Kraft und lassen eine gute Ernte erwarten. Aber das gleicht den Mangel an Äpfeln und Birnen nicht aus. Wir werden unseren Apfelsaft erst mal kaufen müssen. Ein paar Flaschen vom letzten Jahr stehen noch im Vorratsraum. Wir wollen sie erst recht genießen.

Die Blaubeeren-Ernte begann schon Ende Juni und zog sich bis in den September. Unsere Blaubeer-Sträucher stehen in zwei Reihen. Die Reihe am Rand des Gemüseackers bekommt sehr viel Sonne und bringt frühe Reife. Die andere wächst hinter den Apfelbäumen und liegt in deren Schatten. Die Beeren dieser Sträucher reifen erst im August heran. Zum ersten Mal legten wir über beide Reihen Netze. Früher hatten wir die sonnenverwöhnte Reihe ohne Netz gelassen. Dadurch war die frühe Ernte mager ausgefallen, denn die Amseln und Stare hatten nicht viel übrig gelassen. Auffällig war der Befall der Beeren mit Fliegeneiern ab der zweiten Augusthälfte. Das Wetter war meist feucht und schwül und förderte das Wachstum der Beerenfliegen.

Überhaupt konnten wir mit dem Sommer nicht wirklich Freund werden. Es regnete häufig und der Sonne blieb zu wenig Zeit, das Land zu erwärmen und zu bestrahlen. Sie bemühte sich immerhin nach Kräften, und wie wir an der Ernte sehen, hatte sich das gelohnt. Einige Gartenfrüchte entwickelten sich in Rekordzeit. Offenbar wussten sie, dass sie jede wachstumsfördernde Minute ausnützen mussten. Das ließ sich besonders bei den Buschbohnen beobachten, die explosionsartig wuchsen und im August ihr Wachstum eingestellt hatten. Ähnlich erging es den Hokkaido-Kürbissen. Sie legten sich ins Zeug, als absolvierten sie ein Wettrennen. Daran ließ sich erkennen, dass die Pflanzen auf ihre Art intelligent sind. Sie wollen zur Reife kommen und nützen jede Kraft, die ihnen dabei helfen kann, ob von der Erde, von der Sonne, vom Regen oder vom Gärtner. Ja, natürlich von diesem auch. Er assistiert ihrem Wachstum. Und er lernt immer wieder hinzu. Auch dieses Jahr war (und ist noch) ein Gartenjahr zum Lernen. Davon will ich im Folgenden berichten.

Vieles ist mir durch den Kopf gegangen, wenn ich mich im Garten aufhielt. Aber besonders war ich mit dem Herzen dabei. Ich glaube, soviel Freude und Dankbarkeit erlebt zu haben, dass ich das gerne mit anderen Menschen teilen möchte.

3. Besuch beim Nachbar

Die Ernte des Knollenselleries fiel blendend aus. Alle Pflanzen hatten ansehnliche Früchte hervorgebracht. Zwei Knollen lagerte ich in der Vorratskammer. Sechs Knollen ließ ich nach sorgfältiger Säuberung von der Küchenmaschine schnitzeln und bereitete daraus große Portionen für den Gefrierschrank. Diesem kann dann während der nächsten Monate jeweils so viel entnommen werden, wie es für die anstehende Mahlzeit, meist für Suppen, Soßen oder Pfannengemüse gebraucht wird. Zwei Knollen schnitt ich in kleine Scheiben, die ebenfalls portionsweise abgepackt wurden. Sie sollen als Sellerieschnitzel gebraten werden, mal leicht paniert, mal einfach nur gewürzt und in der Pfanne erhitzt. Man kann darüber ins Schwärmen geraten, wie kreativ Sellerie zu verwenden ist.

Zwei dicke Knollen blieben übrig. Ich rief unsere Nachbarin Christa an. Ja, gerne wollte sie die Knollen verwerten, meinte sie spontan. Ich packte die beiden gleich in den Korb und ging über den Graben auf das nachbarliche Anwesen. Vor dem Haus kam mir Hans-Dieter entgegen. »Du bringst den Sellerie«, stellte er fest und sagte dann munter: »Hast du Zeit? Ich muss dir was zeigen.« Wir gingen über den gepflegten Hof. Entlang der großen Wagenremise standen aufgereiht mehrere große Blumentöpfe mit zwei Meter hohen indischen Rohrpflanzen. Die hell-purpurnen Blütenstände waren prachtvoll. Ich wollte natürlich wissen, wo er sie alle überwintert. »Dort drüben«, sagte er und zeigte auf das Gebäude gegenüber, das früher Scheune und Stall beherbergte und nun zu gemütlichen Räumen ausgebaut war. Mein Blick folgte seinem Arm. Dort am ehemaligen Stall stand eine prachtvoll blühende Reihe blauer Jungs, wie die blauen Astern hier auch heißen. Und dann sah ich noch mehr blühende

Pflanzen, eine Reihe Stauden-Sonnenblumen und eine Reihe Dahlien in verschiedenen Farben. Ich bewunderte die Blumenpracht. Hans-Dieter schien mir zu Recht stolz zu sein. Und ich freute mich nicht nur über die blühende Schönheit, sondern auch darüber, dass die Bienen noch immer viel Nahrung finden konnten.

Dann sprachen wir über die diesjährige Ernte im Gemüsegarten. Schließlich griff Hans-Dieter das Thema Selbstversorgung mit Früchten vom eigenen Hof auf. Er zeigte in die Richtung der westlich gelegenen Höfe und erklärte, indem er die Namen der jetzigen oder früheren Hofeigner nannte, es sei noch gar nicht so lange her, dass sich jede Familie hauptsächlich von Produkten aus der eigenen Landwirtschaft ernährt hätte. Damit meinte er den Zeitraum seiner Kindheit und Jugend, also die Nachkriegszeit bis in die siebziger Jahre des vorigen Jahrhunderts. »Jetzt wird das nicht mehr gebraucht«, meinte er. »Aber was soll man sich die Arbeit machen, wenn alles so wenig kostet wie heute?«

Nach dem Rundgang kamen wir an dem alten Anbau der Remise vorbei und mein Blick fiel auf die dicken Zwiebeln, die zum Trocknen unter der Decke hingen. »Oh Mann, sind die dick!«, rief ich aus und dachte dabei an meine unbefriedigende Zwiebelernte. Anscheinend durfte ich doch nicht das feuchte Wetter dieses Sommers für alles verantwortlich machen, was nicht so recht hatte gedeihen wollen. Wir redeten noch über dies und das, »über ditt und datt«, wie es hier heißt. Dann ging ich über das Eichenbrett, das den Graben überquert, wieder zurück. In Gedanken war ich schon bei der Frage, was meinen Zwiebeln gefehlt haben mag, dass viele von ihnen ziemlich klein ausgefallen waren.

4. Zwiebeln: ein Lehrstück

Bisher habe ich die Zwiebeln in unserem Garten fast für gratis genommen, weil wir sie in jedem Jahr in ausreichender Menge ernten konnten. Mal waren viele von ihnen dick und rund, mal hatten wir eher mittelgroße und kleine Zwiebeln. Wir lagerten sie im Vorratsraum ein und bedienten uns nach Bedarf. Dieses Jahr bin ich erstmals unzufrieden mit der geringen Ausbeute. Ich muss wohl den Ursachen nachgehen, um daraus zu lernen. Bei der Recherche fand ich einiges Wissenswerte heraus.

Zwiebeln mögen lockeren, ausreichend humosen Boden. Daran kann es in meinem Garten nicht liegen.

Sie brauchen nicht so viel Stickstoff. Ich aber füttere die Beete reichlich mit Kompost. Hier hätte ich eine mögliche Ursache.

Der Kompost sollte besser im Herbst eingearbeitet werden. Und er sollte reif sein. Ich hatte dem vorgesehenen Zwiebelbeet erst im Frühjahr Kompost zugeführt. Zudem vermute ich, dass Teile des Komposts noch nicht im reifen Zustand waren.

Bis in den Herbst hat es überdurchschnittlich viel geregnet. Die zögerlich wachsenden Zwiebeln verbrachten zu viel Zeit in angestauter Nässe. Sich unter solchen Bedingungen zu entwickeln bzw. zu behaupten, benötigt im Wortsinne viel Kraft.

Der Himmel war häufig bewölkt. Zudem lag das Zwiebelbeet ab Mittag im Schatten von hohen Bäumen. Zwiebeln wollen Sonnenschein.

Achtlosigkeit meinerseits: Die Vorkultur war ungünstig. Im Jahr zuvor war das Beet mit Zucchini besiedelt. Günstiger wäre eine Vorkultur mit Erbsen, Salat oder Kartoffeln. Zwiebeln sind offenbar nachtragender, als ich dachte. Außerdem wuchsen im Nachbarbeet Stangenbohnen.

Zwiebeln mögen solche Nachbarn nicht gerne. Als Übernachbarn sind Bohnen weniger problematisch.

Mir fällt bei dieser Ursachensuche auf, wie die Gedanken und Formulierungen menschenähnlichen Charakter bekommen. Ich könnte beinahe genauso von unterschiedlichen Verhältnissen unter den Menschen berichten, von Nachbarn und Übernachbarn, die sich vertragen oder auch nicht. Oder vom Mangel an Sonnenschein und seinen Auswirkungen auf das Gedeihen der Menschen. Oder von Selbstbehauptung unter Stressbedingungen, was zu viel Kraft erfordert und der Gesundheit schadet.

Vielleicht bieten sich die Zwiebeln gewissermaßen von Natur aus als Vergleichshilfen für uns an, sind sie doch aus menschlicher Sicht von außerordentlichem Wert. Es scheint fast so, als will die Natur den sensiblen Menschen ein Spiegelbild und einen Helfer zugleich anbieten.

Zumindest in den nördlichen Breiten kleidet sich der Mensch je nach Jahreszeit wie eine Zwiebel, mit mehr oder weniger Schichten. Auch die menschliche Persönlichkeit imponiert mit mehreren Schichten, oft so kompliziert, dass die zugehörige Ich-Person selbst nicht mehr durchblickt.

Zum Trost und in uneigennütziger Solidarität bieten uns die Zwiebeln besonders wertvolle Eigenschaften an. Ja, sie gehören zum Besten, was unsere Ackerkultur hervorbringen kann. Das liegt nicht nur an der Würzung, die manchem Essen zum rechten Geschmack verhilft, sondern auch an den hilfreichen Inhaltsstoffen. Insbesondere denke ich dabei an gesundheitsfördernde und heilende Eigenschaften, die auch die wissenschaftliche Forschung interessiert. Untersucht wird beispielsweise der zelltötende Effekt des Wirkstoffs Allicin, der übrigens auch für die Reizung der Tränendrüsen beim Zwiebelschneiden verantwortlich ist. Allicin findet sich besonders im Knoblauch. Die zelltötende Eigenschaft

verweist auf den möglichen Einsatz in der medizinischen Behandlung von Krebs.

Als erklärter Freund von Zwiebelgewächsen schildere ich gerne noch mehr: Ein weiterer Wirkstoff heißt Quercetin. In der Naturmedizin wird ihm bescheinigt, zur Vorbeugung gegen Morbus Alzheimer, Krebsbildung, Arthrose und Muskelschwund beizutragen. Weiterhin soll er entzündungshemmend sein und den Blutdruck senken können. Und schließlich fördert er das Wachstum der Mitochondrien. Das sind kleine Zellorgane, die viel notwendige Arbeit für die Energieversorgung verrichten, so insbesondere der Muskeln, Nerven und Sinnesorgane. Auch speichern sie Calcium und geben es frei, wenn es für das Zellgleichgewicht gebraucht wird. Die Zwiebel hat also eine Menge an Hilfe für unsere Gesundheit zu bieten. Beim nächsten Zwiebelgenuss lässt sich daran denken, vielleicht verstärkt das ihre gute Wirkung.

5. Leben mit Hühnern

Seit wir die Hofstelle 1989 bezogen, leben Hühner bei uns. Lange Zeit stand ihnen ein Hahn vor. Den letzten Hahn beerdigten wir vor drei Jahren. Er entwickelte ein freundliches Wesen, nicht sehr autoritär, nachdem er anfangs rabiat mit seinen Hennen umgesprungen war. Seine »Lieblingshenne«, eine graumelierte, hatte er mit seinen temperamentvollen Auftritten auf dem Rücken ziemlich kahl gemacht. Sie hatte es nicht verstanden, wie die Kolleginnen vor ihm wegzulaufen. Wenn ein Huhn sich seiner Körperlichkeit erwehrte, akzeptierte er dies bald. So hatte er nur noch dieses eine Huhn als Empfängerin seiner Manneskraft. Diese ließ mit der Zeit nach und er begab sich in die Duldung, die ihm allseits gewährt wurde. Zuletzt schaffte er es über Wochen nicht mehr, zu seinen Damen auf die Stangen zu hüpfen. Eines Morgens im Herbst lag er tot vor der Tränke. Wir hatten gewusst, er würde seinem Alter bald erliegen. Dennoch überkam uns eine gewisse Traurigkeit. Er gehörte eben zur Hofgemeinschaft.

Meine Kindheit ist mit Hühnern verbunden. Ich blicke gerne in meine Kindheit zurück und sage unumwunden, dass wir uns heute eine Scheibe von jenem Leben auf dem Dorf abschneiden können. Denn die meisten Menschen unserer Zeit sind sprichwörtlich gefangen in Abhängigkeiten des Konsums, die es früher in diesem Ausmaß nicht gab. Fast jede Situation des Lebens wird heute von Abhängigkeiten bestimmt. Das fängt schon beim Essen und seinen Bestandteilen an. Der Schrecken ist groß, wenn mal wieder ein Lebensmittelskandal diese Abhängigkeit offenlegt. Hilflos reklamieren die Medien, es muss doch irgendwer verantwortlich und die Kontrollen sollen endlich verlässlich sein.

Meine Großmutter, der ich liebend gerne ein Denkmal setze, hielt Hühner hinter ihrem Häuschen. Da ich sie als Kind oft besuchte, war die Gegenwart des gackernden und scharrenden Volkes für mich normal nach dem Motto, das ist so im Leben. Hühner sind ein Teil davon. Später, als sich meine Perspektiven zwangsläufig veränderten, verschwanden die Hühner aus meiner Welt. Mein Leben wurde mehr und mehr städtisch. Meine Eltern trauten mir zu, auf dem Gymnasium weiterzulernen. Jeden Wochentag fuhr ich mit dem Bus in die Großstadt, wo die Straßenbahn mich weiter beförderte. Mir hatte dieses Leben nie wirklich gefallen. Es bedeutete Pflicht und Standhalten, nicht Untergehen in der merkwürdigen Strenge höherer Bildung. Ich wurde vom erdverbundenen Leben entfremdet. In jener Zeit schlachtete Oma zum letzten Mal einen Hahn und präsentierte ihn zum Mittagessen. Sein Fleisch war zäh und schmeckte nicht besonders gut. Oma war sehr enttäuscht, dass wir, meine Brüder und ich, das Essen nicht lobten. Wahrscheinlich hätte der Abschied vom Hahn nach ihrer Ansicht würdiger ausfallen sollen.

Später im Studium lernte ich manches, das endlich meinen Interessen entsprach. Aber ich war noch weiter weg vom Hühnerhof. Wenn ich meine alternde Oma besuchte, saßen wir in ihrer kleinen Stube an dem runden Tisch, auf dem eine kleine gehäkelte Decke lag. Sie wollte jedes Mal wissen, was ich studierte. Damals hielt sie keine Hühner mehr. Der Platz hinter ihrem Häuschen, wo einst der Auslauf für die Hühner war, blieb leer. Oma freute sich jedes Mal, mich zu sehen. Sie lachte. Ihre wichtigste Medizin war Klosterfrau Melissengeist. Das half gegen jedes Malheur. Leider nicht dagegen, dass sie sich das Bein brach. Das war im Winter, der Weg zum Briefkasten war vereist. Sie überspielte den Unfall mit Scherzen. Der Herrgott wollte sie noch nicht haben, sagte sie. Lange weigerte sie sich, Hilfe in der Bewältigung ihres Alltags zu bekommen. Sie wurde 96 Jahre alt. Die letzten Jahre verbrachte sie in einem Altenheim.

Was würde meine Großmutter heute sagen, wenn sie die Nachrichten über vergiftete Eier hören müsste? Fipronil, so war kürzlich einige Tage lang zu hören und zu lesen, belaste Millionen von Eiern und sogar Hühnerfleisch. Die Verbraucher wurden aufgeklärt: Fipronil ist ein Insektizid und wird zur Reinigung und Desinfektion von Hühnerställen verwendet. Spuren in gesundheitsschädlicher Menge seien in Eiern und Hühnerfleisch nachgewiesen worden, hieß es in den Medien. Betroffen sei der Markt in mehreren europäischen Ländern. Die Eier würden aus den Regalen genommen, wurde beschwichtigend mitgeteilt. Und überhaupt, so schlimm wäre die gesundheitliche Belastung gar nicht.

Wäre meine Großmutter noch am Leben, würde sie die Welt nicht mehr verstehen. Warum sollen denn die Hühner desinfiziert werden, höre ich sie fragen. Auf meinem Hof muss das nicht sein. Die sind doch gesund, sieht man das denn nicht? Dann würde sie in die Vorratskammer gehen, die an ihre Küche angrenzt, und ein paar Eier aus dem Regal nehmen. Sie würde mir zufrieden die Eier zeigen und fragen, ob ich Lust auf ein Rührei hätte. Ja natürlich, käme prompt meine Antwort. Oma würde den Herd anfeuern und Butter in die Pfanne geben. Sie würde die Eier aufschlagen und ihren Inhalt in einer handlichen Schüssel durchrühren. Mein Appetit wäre sehr angeregt, wenn dann der Geruch der brutzelnden Eier meine Nase erreicht.

In der Tat, Hühner brauchen keine Desinfektion. Und am besten schmecken Eier, die von eigenen Hühnern gelegt werden. Ich kann das behaupten, denn nun halte ich seit 29 Jahren selbst Hühner auf unserem Anwesen. Die Hühner laufen frei und ungestört durch ihren großen Auslauf unter Bäumen und Sträuchern. Sie sind gesund, weil sie ziemlich natürlich leben können. Zum Eierlegen und zur Nachtruhe begeben sie sich in ihren Stall, ein kleines Holzhäuschen, das alle paar Wochen ausgemistet und ausgekehrt wird. Dann kommt frische Streu hinein, in unserem Fall sind das feine Holzspäne, ein Abfallprodukt der Holzverarbeitung, das man im Landhandel kaufen kann. Zwar wird das Hühnerhaus an und bei von Mäusen besucht, aber das stört uns kaum, solange sie nicht in Massen auftreten. Sie lieben das Körnerfutter, das dort in einem geeigneten Behältnis angeboten wird. Wenn sie sich eine Zeit lang dort aufhalten, hinterlassen sie ihre Nistspuren unter dem Legekasten. Dieser hängt niedrig im Inneren des Hühnerhäuschens, damit die Hennen leicht hinein hüpfen können. Aber allzu lange können die Mäuse sich nicht niederlassen, da ja regelmäßig ausgemistet wird. Außerdem streift um das Hühnerhaus unser Kater »Pablo« auf der Jagd nach seiner Beute. Er ist ein guter Jäger.

Was sollen wir uns also aufregen? Warum sollen wir uns ängstigen? Unsere Hühner sind gesund. Sie leben hauptsächlich von den Essensresten und von den Abfällen aus der Zubereitung unserer Mahlzeiten. Sie sind wie wir Menschen Allesfresser. Mit Wonne stürzen sie sich z.B. auf gekochte Nudeln, Reis- oder Kartoffelreste. Sie werden natürlich auch mit Körnern gefüttert, und dafür müssen wir der Mühle vertrauen, wo wir sie kaufen. Letztlich sind wir angewiesen auf die Qualität der gekauften Körner. Doch diese Abhängigkeit ist vergleichsweise gering. Unsere Hühner bekommen so viel aus eigenen Hoferzeugnissen zu fressen, dass wir uns nicht sorgen müssen.

Sie untersuchen täglich jede erdenkliche Stelle ihres Geheges nach Essbarem, scharren in jedem Zentimeter Erde, aber sobald jemand sich ihrem Revier nähert, flattern sie erwartungsvoll herbei. Die Zweibeiner könnten ja etwas Gutes mitbringen. Das wären nicht nur Essensreste. Das kann eine allzu groß geratene Zucchini sein, die vor ihren Augen der Länge nach halbiert wird. Dann äugen sie mit großem Interesse zu dem Spender hoch. Er legt vorsichtig die beiden Hälften auf die Erde, die Schnittstelle nach oben gerichtet. Die Hühner stürzen sich auf die Früchte, als hätten sie tagelang nichts zu fressen bekommen. Oder sie erhalten ihren Anteil am Salat, der für das mittägliche Essen aus dem Garten geholt wird.

Ja, die gefiederten Freunde leben mit uns. Und ich frage mich, wofür brauchen wir eigentlich diese Massenställe? Warum sollen wir unbedingt Eier aus Nachbarländern beziehen? Und können wir den Bedarf nicht regional bedienen? Außerdem könnten viele Hausbesitzer hinter dem Haus oder der Garage ein kleines Häuschen bauen, in dem drei, vier Hühner nachts schlafen und tagsüber ihre Eier legen. Ein paar Quadratmeter Wiese oder Brachland reichen schon, damit sie scharren können, wie es ihrer Natur entspricht. Und wenn es ein paar Hühner mehr sind, dann bekommen Nachbarn oder Bekannte von den Eiern etwas ab, vielleicht im Tausch gegen andere Produkte oder kleine Dienstbarkeiten. Wenn das nicht geht, dann ist auch nichts gegen ein Honorar von zwei Euro fünfzig oder drei Euro für zehn Eier einzuwenden.

Vorteilhaft ist die Hühnerhaltung auch wegen des Mists, der beim Säubern des Stalls anfällt. Hühnermist enthält drei- bis viermal mehr

Stickstoff als Schaf- und Pferdemist. Den Rindermist übertrifft er sogar um das Fünffache. Er liefert ca. achtmal so viel Phosphor, viermal so viel Kalium, dreimal so viel Magnesium und siebenmal so viel Kalzium wie andere Mistarten. Den Hühnermist gebe ich zusammen mit der Einstreu (z.B. Stroh oder Holzspäne) in den Kompost. Dort fördert er die natürlichen Verrottungsprozesse und reichert den Kompost mit seinen Nährstoffen an. Ist ein solcher Kompost reif genug, dass er im Herbst oder Frühjahr in die Beete eingearbeitet werden kann, ist Fruchtbarkeit für die nächste Saat und Pflanzung so gut wie sicher. Mensch, Tier und Erde arbeiten einander zu. Sie bilden eine lebendige Einheit und gönnen einander die beste Nahrung im wahrsten Sinn. Was für ein Unterschied zur Massentierhaltung in riesigen Ställen. Selbst die biologische Flächenhaltung auf Brachland oder einer Wiese kann da nicht mithalten. Die Hofhaltung mit Auslauf, ob auf Grünflächen oder im begrenzten Revier, ist zugleich Ort der täglichen Begegnung. Man grüßt einander. Ein menschlicher Morgengruß wird mit Gegacker erwidert. Das Hühnervolk läuft zusammen, versammelt sich zu Füßen des Menschen in Erwartung möglicher Feinschmeckerkost. Täglich wird miterlebt, wie es dem gefiederten Volk geht. Ich wüsste gerne, wie die Hühner ihre Menschen wahrnehmen. Sie haben wohl auf ihre Weise das Gefühl von Gemeinsamkeit, von Familie.

Freilich wird diese Harmonie gestört, wenn der Mensch nicht nur die Eier der Hühner haben möchte, sondern auch ihr Fleisch. Ob sie bemerken, vielleicht mitleiden, wenn eines aus ihrer Gemeinschaft herausgenommen und geschlachtet wird? Ich glaube schon, dass sie es auf ihre Art erleben. Wir Menschen allerdings, die den Hühnern ihres Fleisches wegen zu Leibe rücken, müssen irgendwie damit zurechtkommen, dass wir ihnen das Leben nehmen. Anscheinend macht uns das weniger aus, wenn wir schlachten lassen und das Ergebnis als ganzes Huhn, als

Hühnerbrust oder Hühnerklein einkaufen. Ich gestehe, hierüber lange Jahre gar nicht nachgedacht zu haben. Erst als ich selbst für unser Essen Hühner schlachtete, erfuhr ich die Schuld, einem anderen Lebewesen mutwillig das Leben zu nehmen. Das war ein brutaler Akt. Ich musste gegen mein Mitgefühl ankämpfen, es abwehren, damit ich mein Vorhaben durchsetzen konnte. Das Huhn oder der Hahn zappelte noch eine Weile und flatterte wild, wenn der Kopf abgeschlagen war. Blut schoss aus der Wunde. Wenig angenehm war dann das kurze Bad des toten Tierkörpers im erhitzten Wasser, das helfen sollte, die Federn leichter herauszuziehen. Die Gerüche, die dies begleiteten, waren auch nicht attraktiv. Ich kann mich nicht erinnern, die Hühnersuppe oder den Hühnerbraten überdurchschnittlich genossen zu haben. Unsere Kinder lehnten bald ein solches Essen ab. Wir gaben die eigene Schlachtung nach etwa zwei Jahren auf. Jetzt, da ich dies schreibe, frage ich mich, was mich befähigt, Hühnerfleisch zu essen. Ich weiß doch darum, dass ich mit dem Fleischkonsum zum Leiden und Sterben dieser Lebewesen beitrage. Ganz abgesehen von den Bedingungen, unter denen sie leben, falls ich das Fleisch im Supermarkt kaufe. Eine Garantie für ihr Wohlergehen habe ich nicht. Der Markt für landwirtschaftliche Produkte erscheint mir zu wenig verlässlich, als dass ich an die Einhaltung von tierfreundlichen Regeln glauben könnte. Wir kaufen Erzeugnisse eines Biohofs und hoffen, dass es diese Hühner besser haben, auf jeden Fall keine Hormone bekommen! Eigentlich sollte ich mich mit eigenen Augen jeweils überzeugt haben, wo ein Huhn gelebt hat, bevor sein Fleisch auf meinen Teller gerät.

Mein Fazit nach 29 Jahren Leben mit Hühnern lautet: Ich mag gar nicht mehr ohne sie sein. Sie sind freundliche und quicklebendige Hofgefährten, verzehren alle Essensreste, produzieren Eier mit bestem Geschmack und sind pflegeleicht. Sie dürfen hier gut leben, solange sie wollen.

6. In dunkler Nacht

An einem frühen Morgen Ende Oktober wachte ich auf. Aus dem vorherigen Traum hatte sich ein Satz in meinem Kopf eingenistet: »Was nur treibt uns Menschen dazu, uns immer mehr von der Natur zu entfernen?« Da ich nun wach war, bemühte ich mich um Antworten, es mochte aber keine kommen. Traurigkeit und hilfloser Kummer nahmen mich in Besitz. Ich dachte mit tragischem Unterton: Nun bin ich mit der wahren Tiefe und Ursache von Depression in Berührung gekommen. Um mich dagegen zu wehren, drehte ich mich mehrmals im Bett. Ich wollte diesem Gedanken gewissermaßen den Rücken zukehren. Aber die geträumte Frage drängte sich ungehindert auf. Der Schlaf mochte nicht zurückkehren. Mein Herz schlug aufgeregt, als wollte es sagen: Dieser entscheidenden Frage kannst du nicht aus dem Weg gehen. Was treibt uns Menschen dazu, uns immer mehr von der Natur zu entfernen? Schließlich resignierte mein Wille, wieder einzuschlafen, und ich stand auf. Mit dem Morgenmantel bekleidet ging ich, ohne ein Licht anzuschalten, vor die Haustür. Die frühherbstliche Nacht war stockfinster. Schwere Feuchtigkeit lag über dem Land. Kein Laut war zu hören, kein Windhauch zu spüren. Die Stimmung erschien wie gelähmt, als hätte eine erdrückende Kraft die Macht übernommen.

Solche Momente rufen Gefühle hervor, die wohl die meisten Menschen meiden wollen: Einsamkeit und Verlorenheit in einem Universum, das keine Heimstatt, keinen Halt bieten will. Die undurchdringliche Dunkelheit tat ihr Übriges. Vorsichtig tastend bewegte ich mich Richtung Hühnerstall und nahm auf der gemauerten Schwelle des Geräteschuppens Platz. Die anklagende Frage aus dem Traum ließ sich nicht abschütteln. Und natürlich dachte ich erschrocken an das mögliche Schicksal meiner

Kinder und ihrer Kinder, meiner Enkel. Dann erschien es mir so, als hätte sich das ganze Unglück der Welt auf mein Gemüt gelegt.

Wenn man solche Sätze mitten am Tag hört, liegt die Vermutung nahe, hier spricht ein Mensch, dem es gar nicht gut geht. Der vielleicht mal zum Arzt oder Psychotherapeuten gehen sollte. Tatsächlich war ich am späteren Morgen sehr bedrückt. Die Nacht steckte noch in meinen Gliedern. Zögerlich gelang es mir, die Dramatik mit Distanz zu betrachten. Sie war wohl das Produkt eines Albtraums und entsprechend übertrieben. Andererseits ist die Sorge um unsere Welt in ihrem jetzigen und absehbaren Zustand nicht übertrieben. In Sachen Umweltschäden heißt es ja schon seit Jahren, es sei »fünf vor zwölf«. Mittlerweile sagen zuständige Forscher, es sei bereits »nach zwölf«. Von Hungersnöten, Wasserknappheit, Vertreibung und Flucht, Macht- und Geldgier, Morden und Kriegen gar nicht zu reden. Und dies alles hängt miteinander zusammen. Wie dem auch sei, es gibt nicht viele Menschen, die die Sorge um die

Welt dauerhaft ertragen. Wir müssen immer wieder Abstand gewinnen. Und doch können wir nicht vor der Bedrohung weglaufen.

Hilft es, im eigenen Leben auf Frieden, Vertrauen und Gemeinschaft zu setzen? Eine Antwort wüsste ich, aber sie klingt so banal, dass sie fast unglaubwürdig ist: Ich kann mein Leben entsprechend ausrichten, dass von mir Frieden und Vertrauen ausgehen, und dass ich zum gemeinschaftlichen Leben beitrage. Aber da hapert es schon, denn ich kann z.B. keinen Frieden mit dem Zustand der Welt machen. Ich vermag nicht friedlich zu sein, wenn unsere natürlichen Lebensbedingungen schrittweise zerstört werden. Und mit dem Begriff »natürliche Lebensbedingungen« meine ich alles Leben, »alle unsere Verwandten«, wie es die nordamerikanischen Indianer ausdrücken. Vielleicht war mein nächtlicher Alp ausgelöst worden durch die Nachricht, die Population der Insekten hätte sich seit 1989 um 75 % verringert. Dieser Mitteilung war der Hinweis angefügt, die Insekten ständen »am Anfang der Nahrungskette«. Wir wissen ja auch, es sind Insekten, unter ihnen nicht nur die Bienen, die Blüten bestäuben und so das Wachstum befördern. Sie stehen an vorderster Front, was die Erhaltung des ökologischen Gleichgewichts ermöglicht. Tatsächlich hatten viele Leute den Verlust der Insekten geahnt, da diesen Sommer über so wenig tote Insekten auf Autoscheiben klebten. Es wird nur wenige erstaunen, dass in den letzten dreißig Jahren die Vogelpopulation um ca. 80 % zurückgegangen ist. Kein Wunder, die Brutvögel ziehen ihre Jungen mit Insekten auf. Und die intensive Landwirtschaft mit dem Einsatz von Herbiziden, Pestiziden und Insektiziden schafft genau die Bedingungen, die den Vögeln die Nahrung entziehen.

Ohnmacht hatte mich überfallen, die Ohnmacht angesichts der Unvernunft, Rücksichtslosigkeit und Profitgier unserer industrialisierten Gesellschaft. Wie kann ich diese Ohnmacht überwinden? Ich will nicht im Nebel der Hilflosigkeit herumirren.

Kürzlich las ich einen Ausspruch von Karl Popper: »Optimismus ist Pflicht. Man muss sich auf die Dinge konzentrieren, die gemacht werden sollen und für die man verantwortlich ist.« (aus: Weser Kurier, 2.10.2017) In der Marktwirtschaft, wie sie für uns in Europa selbstverständlich ist, sind die Konsumenten mächtige Teilnehmer. Wir können bestehende Verhältnisse mit unserem Verhalten bestätigen oder ihnen gegensteuern. Wer tut das, wie viele tun das?

Oft wird davon gesprochen: Die Landwirtschaft müsste sich im großen Maßstab natur- und lebensfreundlich verändern und mit ihr die Politik, deren Vertreter sich bisher nicht entschieden für Veränderungen eingesetzt haben. Was wir für unser Essen einkaufen, erschafft den Maßstab, an dem das Wirtschaften auf dem Acker, im Stall und auf der Weide ausgerichtet wird. Zahlen können unangenehm sein, besonders, wenn sie uns die Realität spiegeln. In Niedersachsen, wo ich lebe, lag der Anteil der biologisch bewirtschafteten Flächen Ende 2016 bei 3,4 % und der Anteil der Biohöfe bei 4,2 %. (Quelle: Landesamt für Verbraucherschutz und Landesmittelsicherheit). Laut Umweltbundesamt betrug im Jahr 2016 der Anteil der ökologisch bewirtschafteten Flächen gegenüber allen landwirtschaftlichen Nutzflächen (in Deutschland) 7,1 %. Demnach kann der Bedarf an ökologischen Produkten bei den Lebensmitteln nicht groß sein. Wenn ich bedenke, wie lange ökologische Landwirtschaft schon Thema in unserer Republik ist und wie dünn bislang die Konsequenzen sind, zweifele ich daran, dass gesunder Menschenverstand den Markt reguliert.

Es gibt einen wenig beachteten Hebel zur Veränderung. Er verleiht mir eine Ahnung von dem Optimismus, den Karl Popper angesprochen hat und mit dem wirklich verantwortliches Tun verbunden ist. Jeder Mensch kann seine entsprechenden Möglichkeiten ausschöpfen, das eigene Leben bewusst zu gestalten und dafür unkritische Konsumabhängigkeiten zu vermindern. Solange wir eigene Möglichkeiten, selbständig zu handeln, nicht in Erwägung ziehen, geschweige denn ausschöpfen, sind wir Diener der bestehenden Verhältnisse.

Wenn ich die eigene Marktabhängigkeit nach der Maßgabe, was ich wirklich zum Leben brauche, steuere, fühle ich mich selbständiger. Das bin ich tatsächlich, denn ich lasse mir nichts von Billigangeboten und unnötigem Zeug aufschwätzen.

Dennoch bleibt es dabei: So werde ich eigentlich nicht das Gefühl der Ohnmacht los. Sie ist eine Belastung, die alle erfasst, auch wenn wir sie zu verdrängen suchen. Und so behaupten wir resignierend: Ich kann doch nichts ändern. Darauf setzt die Konsumindustrie. Dort schaut man in erster Linie auf Profitmargen. Wenn man Konsumenten mit umweltfreundlicher Fassade locken kann, dann tut man das ungeniert, auch wenn dahinter alles andere als Rücksicht auf die Natur oder Gesundheit steckt.

Mir hilft es, mich an den Vorfahren zu orientieren. Viele von ihnen hielten es für selbstverständlich zu kochen, zu backen, Gemüse und Obst zu ziehen, zu stricken, zu nähen, Möbel zu zimmern, kaputte Dinge instand zu setzen und manches mehr. Sie verfügten über Fähigkeiten, die uns mehr und mehr verloren gehen. Sie gehören aber zur Basis eines verlässlichen Selbstbewusstseins. Die eigenen Finger nicht mehr für sich selbst rühren zu können, bedeutet rundum Abhängigkeit. Selbstbewusstsein entsteht durch eigenes Handeln. Nur so erfährt man, was alles möglich ist, was gelernt und ausprobiert werden kann, was das Leben glaubhaft bereichert, was vom Konsum weniger abhängig macht, was Mut verleiht und inspiriert. Und was wahrscheinlich stolz macht.

Je mehr wir produktiv für uns selbst sorgen, desto mehr erfahren wir über die Herkunft und Qualität der Dinge, die wir (sonst) kaufen. Unser Wissen entstammt dann praktischer Erfahrung und bestärkt uns darin abzulehnen, was der Umwelt schadet. So auch kümmern wir uns darum, was wir wirklich zum Leben brauchen. Wir bekommen Tuchfühlung mit natürlichen Produkten.

Sie erhalten die Wertschätzung, die sie verdienen. Letztlich hat alles, was wir zum Leben brauchen, seinen Ursprung in der Natur. In dieser Sicht lernen wir zu achten, wie uns die Natur versorgt. Wir sind dann bereit, ihr zu geben, was sie ihrerseits für ihr Gleichgewicht braucht. Wir können uns bescheiden und auf unsinnige Ausbeutung verzichten. So nähern wir uns der Natur wieder an.

Wir kommen ihr auch näher, wenn wir die Kraft und die Freude, die sie uns schenkt, erleben. Im gewöhnlichen Alltag richten wir unsere Sinne oft nicht auf die natürlichen Eindrücke aus. Wir sind eng auf unsere geschäftigen Anliegen konzentriert. Wenn »konzentriert« überhaupt zutrifft. Meist sind wir kaum bewusst bei der Sache und lassen den Gedanken ihren Lauf. Diese kümmern sich gemäß ihres Auftrags um unsere Probleme und Aufgaben, um Wünsche und Bedürfnisse, um Konflikte, die auf Lösungen warten, und um unseren Egoismus. Wir sind mit unserem Bewusstsein meistens eingebunden in dieses Gemenge an Gedankenarbeit und Selbstbespiegelung. Viele Menschen klagen ja entsprechend über zwanghaftes, zugleich nutzloses Grübeln. Sie wünschen sich, den »Kopf frei zu bekommen« und die tägliche Anspannung abstreifen zu können.

Manchmal merken wir intensiv, ja schmerzhaft, dass wir wie in einem Hamsterrad herumrennen. Es wirkt wie ein Weckruf. Ich erinnere mich einer Frau, die in ihrer Therapie gequält und stöhnend sagte, sie möchte »Befreiung«. Auf meine Frage, was ihre Anspannung lösen könnte, antwortete sie nach einer gedanklichen Pause, sie könne am ehesten auf einem ausgedehnten Spaziergang in die Natur entspannen. Wenn sie ein Stück gewandert sei, stelle sie fest, wie ihre Gedanken wie in einem Labyrinth gefangen sind. »Sie suchen einen Ausweg, finden aber keinen«, meinte sie. Dann sei der Punkt gekommen, da sie genug Kraft habe, um die Gedanken zu stoppen, ihnen zu sagen: »Hört auf! Ihr nervt mich, ihr quält mich!« Sie wende sich von den Gedanken ab und schalte ihre Sinne ein. So könne sie endlich die Vögel singen, den Wind rauschen hören. Sie beginne, die Luft zu riechen. Und wenn die Sonne scheine, spüre sie deren Wärme auf ihrer Haut. Nach diesem Zustand sehne sie sich. Ihn möchte sie am liebsten festhalten.

Diese Befreiung hat zwei Quellen. Zum einen liegt ihr *unser Wille* zugrunde, uns für die Natur, ihre Kraft, ihre Schönheit und Echtheit zu öffnen. Denn davon hat sie genug. Wir entdecken all das mit der entsprechenden Ausrichtung unserer Sinne. Die andere Quelle ist die überfließende, nicht endende, letztlich nicht zu begreifende Energie der Natur, wovon wir nur ein kleines Wissen bekommen. Wir können uns jedoch einfühlen, hineinspüren und innerhalb unseres begrenzten Menschseins mit den Kräften der Natur verschmelzen. Wir bekommen eine Ahnung von unserem natürlichen Ursprung, von unseren Wurzeln in der Natur.

Das ist eine Erfahrung, die sich mittlerweile viele Menschen ersehnen. Für mich ist diese Erfahrung Liebe. Im vergangenen Sommer war ich wieder viel »draußen« und das Gehirn wurde bisweilen so durchlässig, dass ich es um mich spürte und sogar leise hörte: »Die Liebe der Erde«. In diesen Momenten war ich verschmolzen mit den Pflanzen und den Vögeln, die von den Bäumen sangen, mit dem Wind, mit der Sonne, den Wolken. Und wenn es regnete, dann auch mit dem Regen. Solche Erfahrungen begünstigen den Eindruck, die Natur ist beseelt genauso wie ich selbst. In diesem Sinne fallen rationale und zweckbestimmte Grenzen, werden überflüssig und machen einem tiefen Gemeinschaftserleben von Mensch und Natur Platz.

7. Wind

Der Wind und ich befreundeten uns schon in meiner Kindheit. Er rauschte durch die Tannen, die vor meinem Schlafzimmer wuchsen. Er ließ sie wirbeln, raunen und säuseln, dass ich mich geborgen fühlte. Während meiner Schulzeit lernte ich ihn anders kennen. Über mehrere Jahre fuhr ich mit dem Fahrrad zur Schule, jeweils eine Strecke von zwölf Kilometern. Sie führte entlang einer Landstraße, dann über einen Berg, der zwar nicht allzu hoch war, aber doch Kraft kostete, und schließlich über Pflasterstraßen mit gefährlichen Straßenbahnschienen. Am Ziel angelangt wackelten die Beine ein wenig, aber letztlich zählte, dass ich angekommen war und die Tatsache, das Geld für die Monatskarte der Busfahrt gespart zu haben. Der Wind kommt immer von vorne, behauptet Christa. Das mag den Radfahrern in der Stadt so erscheinen. Auf dem Land jedoch kommt der Wind meist aus bestimmten Richtungen und es lässt sich eindeutig sagen, ob er einen unterstützt oder ihm zu schaffen macht. Damals erhielt ich eine wichtige Lehre: Die Kräfte der Natur können uns Menschen erfolgreich helfen, unsere Ziele zu erreichen. Sie können uns ebenso in unseren Anliegen behindern und energische Anstrengungen herausfordern. Die bemerkenswertesten Einsichten darüber, wie Winde wirken und ihre Kraft zu nutzen ist, können wohl die Segler und die Windmühlenbetreiber gewinnen. Fahrradfahrer haben schlicht nur die Möglichkeit, als gegeben hinzunehmen, ob der Wind von vorne, von der Seite oder von hinten weht. »Von der Seite« kann auch bedeuten, dass er – gefühlt – von vorne kommt. Wenn ich zur Schule fuhr, musste ich oft dem Gegenwind standhalten. An Regentagen kam ich tropfnass in der Schule an. Nach überstandenem Unterricht half mir oft der Wind, schnell nach Hause zu radeln.

Die Freundschaft mit dem Wind lebte wieder auf, als ich während des Studiums ein paar Ferientage an der Nordsee verbrachte. Ich war mit einem Kumpel unterwegs. Wir zelteten hinter den Dünen. Tagsüber wanderten wir auf dem Strand entlang der Wasserlinie. Die Augen blickten wach, die Sinne geöffnet, nicht nur in Erwartung hübscher Mädchen, sondern weil alles so neu für mich war: das Meer, das jeden Tag anders erschien, die fliegenden Wolken, das helle Licht in so vielen Nuancen, das silbrige Leuchten über dem Wasser, der würzig-salzige Geruch und der Wind. Ich genoss es, eins mit diesem Teil unserer Welt zu sein. Als Kind ist ein Mensch von selbst Teil seines Herkunftsortes und seiner menschlichen Umgebung. In der Jugend fängt er an, dies zu hinterfragen. Wo wir hingehören, wird früher oder später zum Thema. Ob ein Mensch wirklich die tief greifende Erkenntnis gewinnt, wo er hingehört, steht allerdings auf einem anderen Blatt.

Als ich Bekanntschaft mit dem nordischen Land am Meer machte, wusste ich, wonach meine Seele verlangte. Der Wind, besser die Winde übernahmen hierbei die Leitung. Sie erzählten Geschichten, flüsterten und sangen ihre Lieder. Sicher können sie lärmen, schreien, Alarm schlagen oder Anweisungen erteilen. Sie können Gefahr bringen, an den Kräften zerren und mit Lebewesen umspringen, als seien sie zum Spielen da. Winde können Tod bringen, wenn sie sich in Orkane verwandeln.

Seit wir die Hofstelle besiedeln, habe ich schon einige vom Sturm entwurzelte, umgestürzte oder zerlegte Bäume sägen und abfahren müssen. Das löste zwiespältige Gefühle aus, denn so gewann ich Brennholz für unsere Öfen, dachte aber auch daran, dass dieser Baum nicht mehr wachsen würde. Selbst wenn er schon kränklich oder morsch war, so hatte er immer noch standgehalten bis zu eben jenem Sturm. Da ich selbst älter

werde und nicht mehr voll jugendlichem Elan sein kann, fühle ich mit den Bäumen, die sich gerne halten möchten, auch wenn es nicht mehr so einfach ist. Lieber ist es mir, wenn nur Äste herunterbrechen.

Das Dach unseres Wohnhauses hat auch schon manchen Schaden durch Stürme genommen. Doch die inzwischen hoch gewachsenen Bäume halten sie nun erfolgreich ab. Mir ist aber bewusst, dass jederzeit einer von ihnen einem Sturm nicht mehr gewachsen ist. So gehe ich in stürmischen Nächten vor die Tür und höre auf dieses unglaubliche Rauschen, das so laut ist, dass man die eigenen Worte nicht verstehen würde. Man müsste schreien. Und ich glaube, die Bäume kämpfen dann um ihr Leben. Manchmal fühle ich es. Meine Wind-Freundschaft wird auf eine harte Probe gestellt.

Ganz anders verhält es sich unter normalen Wetterbedingungen. Hier im Moor, wo die Küste nicht allzu weit entfernt ist, trägt der Wind die Meeresluft weit ins Land. Die Wettervorhersagen sind bisweilen gar nicht vertrauenswürdig. Wie oft gehe ich in den Garten und denke, wo bleibt denn der Regen, der angekündigt wurde? Das können solche Tage werden, an denen die Winde nicht nur verträglich sind, sondern sogar bereit, ihre Kraft auf die Menschen zu übertragen. Sie wehen die verschmutzte Luft weg. Wer zum Himmel schaut, sieht dort einen lebendigen Wechsel von Wolken und Sonne. Auch wenn aus mancher dunkleren Wolke ein paar Regentropfen fallen, so richtig überzeugend ist das nicht. Der Wind treibt die Wolke weiter. Fast höre ich ihn die Wolke tadeln: »Nun mach schon, dass du weiterkommst!« Das sind Tage voller Energie.

Unten auf der Erde zwischen den Beeten, auf der Wiese, wo auch immer ich gerade bin, könnte ich dem Wind zurufen: »Hallo mein Freund, lass uns diesen Tag feiern! Lass uns deine Kraft genießen!« Am Abend werkele ich draußen, bis es dunkel wird, und mag gar nicht ins Haus gehen. Es ist, als wollten wir, der Wind und ich, einander nicht loslassen. Und drinnen in der guten Stube, wo ich schließlich doch lande, bin ich dankbar für die Kraft, die ich mit dem Wind teilen konnte.

Der Wind hat mehrere Gesichter und Spielarten. Menschen, die viel Zeit in freier Natur verbringen, wissen das. Der Wind, der nach meiner Erfahrung Kraft verleiht, ist stark genug, dass man ihn spürt. Er lässt die Haare wehen, verfängt sich in halb geöffneten Jacken und bläht sie auf. Er hat etwas Frisches, ohne einen auszukühlen. Er bläst aus westlichen Richtungen, eher ein wenig von Nordwest. Dann riecht seine Luft nach Meer. Er will, dass man die Nase in seine Brise hält und immer wieder mal tief durchatmet. Er umtanzt einen, bis man selbst tanzen möchte. Die Arbeit im Garten geht flott von der Hand, als ob der Wind mithilft. Es kann geschehen, dass der Wind in einem zu singen anfängt. Das sollte nicht unterdrückt werden, das muss raus, denn jetzt erreicht das Einswerden mit dem Wind seine volle Wirkung.

Ähnlich schön und doch ganz anders ist es, dem Wind einfach nur zuzuhören, auf sein feines Spiel zu horchen. Seit wir auf dem Bertahof leben, bin ich wieder umgeben von Bäumen. Es scheint so, als kehre meine Kindheit zurück. In manchen Nächten mag ich erst nicht einschlafen. Ich liege im Bett. Das Fenster ist weit geöffnet und der Gesang des Windes in den Bäumen weht zu mir. Lauschend gleite ich in den Schlaf hinüber.

8. Kürbis kommt gut

Kürbisse als Lebensmittel begegneten mir ziemlich spät im Leben, verglichen mit ihrer Bekanntheit. In der Gegend, wo ich meine Kindheit und Jugend verbrachte, legten die Leute vor allem Wert auf sogenannte Grundnahrungsmittel: Kartoffeln, Kohlgewächse, Bohnen, Erbsen, Zwiebeln und Möhren (die dort gelbe Rüben heißen).

Im Wesentlichen hielt ich mich daran, als ich zu gärtnern begann. Die Zahl der Gemüsesorten erweiterte ich dann von Jahr zu Jahr, steigend mit dem Vertrauen, das ich in die Fruchtbarkeit des Gartens gewinnen konnte. Der Hokkaido-Kürbis wurde erst in den Neunziger Jahren des letzten Jahrhunderts in Deutschland weithin bekannt. Nunmehr findet er sich vom Spätsommer bis zum nächsten Frühjahr in den Fruchtabteilungen der Märkte und Läden. Meine erste Hokkaido-Ernte vor fünfzehn Jahren überzeugte mich von der Ergiebigkeit dieser Pflanzen und Früchte. Seither erfolgte ihre Ernte mit einer Verlässlichkeit, die ihresgleichen sucht. Stimmt der Humusgehalt des Bodens, kann nichts schiefgehen, egal ob der Sommer sonnenreich oder eher verregnet daherkommt. Bei starker Sonneneinwirkung empfiehlt sich die Bodendeckung mit Mulch, um die Erde feucht zu halten. Kürbisse sind ziemlich durstig.

Die Hokkaidopflänzchen werden auf der Fensterbank oder im Gewächshaus vorgezogen, dann in Töpfchen vereinzelt und nach den Eisheiligen in die Beete gesetzt. Im ersten Jahr der Hokkaidopflanzung ließ ich mangels Erfahrung die Pflanzen wachsen, wie sie wollten. Das taten sie auch und übervölkerten die angrenzenden Beete.

Werden die ständig nachwachsenden Triebe nicht gekürzt, läuft eine bemerkenswerte Invasion ab. Sie wird von einer betörenden Blütenkraft begleitet. Das volle Gelb der Hokkaidoblüten kann einen davon ablenken, ihre Inflation in Grenzen zu halten. Doch in den wenigen Wochen, da sich die Früchte bilden, ist es unausweichlich, die zusätzlichen Triebe zu schneiden. Sonst hat man ein paar gut geratene, große Hokkaidos und viele kleine, die zum Essen nichts taugen. Also gilt es sich zu entscheiden, welche Früchte die Kraft der Pflanze im vollen Umfang abbekommen sollen, und diese dürfen voll ausreifen. Mit den Jahren wächst die Erfahrung, wie das Verhältnis von Fruchtbildung und Triebbeschneidung am effektivsten gestaltet werden kann.

Die Kerne des Kürbisses kann man nicht übersehen, wenn er aufgeschnitten wird, was übrigens ein gutes Messer und ziemlich viel Kraft erfordert.

Der Hokkaido-Kürbis ist eine schöne Frucht, sie gefällt dem Auge. In ihrem leuchtenden Orange sammelt sich das Licht des Sommers, das in die dunkle Jahreszeit hineinscheint. Da der Kürbis lagerfähig ist, kann er noch drei bis vier Monate nach der Ernte frisch verzehrt werden. Zeigt einer der eingelagerten Kürbisse Faulstellen, ist es ratsam, die anderen aufzuschneiden. Sind sie noch gesund, kann man ihr Fleisch zerkleinert oder geraspelt einfrieren. Sie müssen nicht geschält werden. Das wertvolle Beta-Karotin, das im Körper in Vitamin A umgewandelt wird, sitzt besonders in der Schale. Weitere Vorzüge sind seine Fettarmut, sein Nährgehalt und sein Reichtum an Vitaminen und Mineralien. Außerdem wirken Kürbisse anregend auf die Nieren- und Blasentätigkeit und entwässern. Mahlzeiten mit Kürbis lassen sich das ganze Jahr über genießen. In unserem Haushalt wird er in drei Formen verwertet: als Suppe, als Beigabe zum Risotto und als Pommes oder kleine Schnitzel, die mit etwas Öl und Knoblauch im Ofen gebacken werden. Hokkaido kann man auch, roh oder in Streifen geschnitten, im Salat essen.

Das Kürbiswachstum im Garten ist für mich wahre Freude. Ich käme nicht auf die Idee, in dieser Frucht und ihren Blüten mehr zu sehen, als was sie ist: hübsch, ergiebig, gesund, nahrhaft und vielseitig verwertbar. Will ich sie darüber hinaus symbolisch wertschätzen, kündet sie von Sommer und Fruchtbarkeit. Entsprechend findet sie sich auch in Erntedank-Ritualen als auffälliger Repräsentant der geernteten Feldfrüchte. Kürbisse bringen andernorts eine lange praktische und symbolische Tradition mit sich. In Flaschenform werden sie in Mittel- und Südamerika zu Kalebassen getrocknet. Chinesen benutzten Kürbisse als Vorratsbehälter. In Afrika sind sie Symbol der Fruchtbarkeit. Ihre Kerne, so glaubt man, würden die Empfängnisbereitschaft fördern, und die runde Gestalt stehe symbolisch für die Gebärmutter. Von Irland stammt der Mythos, der ausgehöhlte Kürbis, ursprünglich die ausgehöhlte Rübe, innen mit einer brennenden Kerze ausgestattet, würde die Geister vertreiben, die in der Nacht zum ersten November ihr Unwesen treiben. Das inzwischen sehr profane Fest »Halloween« geht auf keltische Traditionen zurück und galt der Durchlässigkeit zwischen den Welten der Menschen und der Götter bzw. Geister. Die Seelen der Verstorbenen, so glaubte man, seien unterwegs zu ihrer irdischen Herkunft. Einfacher erscheint mir die Erklärung, dass sich zum November hin der Herbst nicht mehr aufhalten lässt. Die Tiere müssen in den Stall geführt werden, und der Mensch muss sich, zumindest in unseren Breiten, auf die dunkle Jahreszeit einstellen.

9. Wurzeln

Jedes Jahr im Herbst begegne ich dem Wunder eines besonderen Wurzelwerks. Im Allgemeinen können die Wurzeln der Gartenfrüchte im Boden verbleiben. Was für den Verzehr gebraucht wird, schneide ich oberhalb des Bodens ab. Das gilt natürlich nicht für das Wurzelgemüse wie Möhren, Zwiebeln oder Knollensellerie. Möhren und Zwiebeln haben weniger starke Wurzeln. Die Knollen des Selleries aber sind auffallend dick, ja fleischig, wo sie an der Frucht ansetzen. Wulstig hangeln sich die Wurzeln übereinander, bevor sie gestrüppartig in die Erde gehen. Man kann den Knollensellerie mit dem Spaten ausgraben oder mit Kraftaufwand aus dem Beet ziehen. Den Wurzeln haftet noch viel Erde an und das Loch, das im Boden hinterlassen wird, wirkt beinahe wie ein Krater. Das rührt nicht nur von der Größe der Knolle her, sondern auch von der Wurzelmasse.

Sie ist vielfach verästelt, kräftig gebaut und tief in die Knolle hinein gewachsen, sodass zum Verzehr eine Menge von der Knolle entfernt werden muss, um sauberes Fruchtfleisch zu erhalten.

Wenn wir im Laden eine Knolle kaufen, dann ist sie bereits von Wurzeln gesäubert und aufwendig gewaschen. So erleben wir leider nicht, was die Kraft und nicht nur die Masse des Knollensellerie ausmacht. Das sind nämlich die Wurzeln. Für mich stellen sie ein Naturwunder dar: Dieser enorme Aufwand an Pflanzenanteilen, um die Frucht hervorzubringen. Deshalb glaube ich auch, der Knollensellerie verschafft uns als Nahrung besonders viel Kraft und eine starke Bindung an die Erde, aus der er hervorgeht.

Dieses Jahr hat mich die Ernte des Knollensellerie sehr erfreut. Die Knollen waren dick und gesund. Sie waren auch nicht von Mäusen angefressen. Beim Abschneiden der Wurzeln vom Fruchtkörper geriet ich ins Philosophieren und nahm mir vor, etwas mehr von der Biologie der Wurzeln zu erfahren, um zu verstehen, was sie für die Frucht und - daraus folgend - für uns bedeutungsvoll macht.

Soll eine Pflanze gedeihen, braucht sie einen Erdboden, der sie gemäß ihrer Bedürfnisse gut nährt. Wenn Pflanze und Boden gut zueinander passen, entsteht eine innige Beziehung beider und kommt beiden zugute. Die Pflanze profitiert von der Lebendigkeit des Bodens. Dieser wiederum schöpft Kraft aus guter Durchwurzelung.

Im auffälligen Kontrast hierzu wird der industrielle Ackerbau und erst recht der Gewächshausanbau nur für ein Höchstmaß an Erträgen betrieben. Die Bedeutung des Wurzel- und Bodenlebens ist meist nur im Hinblick auf das Wachstum oberhalb der Erde interessant. Was muss getan werden, damit sich der Anbau lohnt? So dominieren die Agrarchemie, deren Düngung mit Mineralstoffen und die Beeinflussung von Boden und Pflanzen mit chemischen Mitteln. Der organischen Verbindung von Boden und Pflanze wird die Seele entzogen und mit ihr leidet der dynamische Austausch beider.

Im Gewächshausanbau werden zunehmend die Pflanzen in Substraten aufgezogen, z.B. in Kokosfasern oder in Perlit aus Vulkangestein, sie werden laufend mit Nährflüssigkeit und sehr viel Wasser versorgt und müssen nicht mit ihren Wurzeln in der Erde nach Nahrung suchen. Eine normale, natürlich aufwachsende Tomatenpflanze z.B. kann auf der Suche nach Wasser bis zu zwei Meter tief wurzeln. Sie würde aus den Erdschichten zusammentragen, was sie braucht. Sie ist eine aktive, lebendige Pflanze. Das würde dem Menschen zu Gute kommen, der später von ihren Früchten isst.

Andererseits bringen die Gewächshaustomaten, die gemäß der Forschungserkenntnisse optimal versorgt und gepflegt werden, total berechnete Früchte hervor. Sie sind im Grunde alle gleich. Das zeigt sich ebenso an anderen Gemüsesorten, die dem industriellen Gewächshausanbau entstammen. Man schaue sich nur die beinahe identischen Radieschen an. Ihre Wurzeln sind, verglichen mit denen des biologischen Anbaus, ein Witz, so zart, kaum sichtbar, dass ich mich frage, wie die Frucht überhaupt entstehen konnte. In modernen Gewächshäusern hierzulande werden die Prozesse zunehmend digital gesteuert. Wenig bleibt der Pflanze selbst überlassen. Sie wird gewissermaßen passiv gemacht. Der aktive Stoffwechsel der Pflanze vermindert sich mit ihrer künstlichen Versorgung. Weit mehr als nötig werden den Wurzeln die Mineralstoffe zugeführt. Hätte sie nährstoffreichen Kompost zur Verfügung, würden Wurzelwachstum und Wurzelverzweigungen angeregt.

Aber das liegt nicht im Visier der Optimierungsstrategien, die wissenschaftlich und technisch präsentiert werden. Mittlerweile ist die Menge an Wurzeln im Fokus der Forschung, um sie zu optimieren. Es wird nicht nur die ihr aufgenötigte Menge an Nährstoffen errechnet, sondern sogar die Zahl der Wurzeln. Damit soll vermieden werden, dass sich die Wurzeln gegenseitig bei der Nahrungsaufnahme Konkurrenz machen. In solchen Pflanzen steckt viel technisches und biochemisches Knowhow, aber kaum natürliches Wachstum, keine Anregung, die Pflanze möge sich um ihr eigenes Schicksal bemühen. Da ich glaube, dass in jeder Pflanze auch eigene Bemühungen um Wachstum stecken sollten, halte ich die passiv gemachten Pflanzen für wenig kraftvoll. Sie übertragen wenig Vitalität auf die Menschen, die von ihren Früchten leben.

Im konventionellen Ackeranbau geschieht etwas Ähnliches. Mit der Kunstdüngung, die ebenfalls digital ausgeklügelt werden soll, wurde bislang insbesondere auf das Pflanzenwachstum oberhalb des Bodens Wert gelegt. Auch hier wendet sich die Forschung dem Wurzelwerk zu. Agrarforscher bemühen sich sogar darum, die Erkenntnisse aus dem biologischen Anbau in ihre Techniken zu integrieren.

Uns allen ist bekannt, was die Wurzeln für das Pflanzenwachstum tun. Sie dienen ja nicht nur dazu, die Pflanze im Boden zu halten, sie zu verankern. Die Wurzeln versorgen die Pflanze mit Wasser und Nährstoffen. Insofern stimmt die Absicht, die Funktion der Wurzeln zu untersuchen und daraus Schlüsse für den Ackerbau zu ziehen. Weniger beachtet wurden und werden immer noch Eigenschaften der Wurzeln, die das Herz ihres Daseins ausmachen: Sie wehren Krankheitserreger ab, bekämpfen Schädlinge und Gifte. Sie stehen in Verbindung mit Bodenmikroben. Auch haben sie Beziehung zu Nachbargewächsen. Wenn diese Aktivitäten gut in Gang kommen, hilft das dem Wachstum der Pflanze, und die Ernte, so sie denn gewünscht ist, fällt positiv aus. Mit den zugesetzten chemischen Mitteln wird die Fähigkeit der Pflanzen, sich gegen Schaden zu wehren, nicht gefördert. Im Gegenteil, sie wird sabotiert. Würde ich diese Methode und ihre Techniken auf uns Menschen übertragen, hätte ich eine ziemlich deprimierende Perspektive für unser Leben. Vielleicht ist der Vergleich gar nicht so weit hergeholt, wenn ich an die vielen Fertigprodukte unserer Nahrung denke, oder an die propagierten Nahrungsergänzungsmittel.

Natürliche Wurzeln können durch ihre Säure-Ausscheidungen erstaunliche Wirkungen erzielen. Sie vermögen anorganisches Material, Steine oder Teerbelag etwa, zu spalten oder sogar aufzulösen. Das ist eine Seite der Wurzeln, die wir wohl selten beachten, am ehesten, wenn sie an einem Gebäude Schaden anrichten oder Geh-oder Radwege uneben machen. Wir haben es mit einer beispielhaften Kraft zu tun. Sie zeigt ihre Wirkung mit Eigenschaften, die man aus menschlicher Sicht als Geduld, Zähigkeit, Lebenswillen und Selbstbehauptung bezeichnen könnte. Alleine durch unser Staunen können wir schon Anteil daran nehmen.

Ein anderer Aspekt des Wurzelwachstums ist seine Beziehung zur Erdumgebung: Die Wurzeln mit ihren feinen Verästelungen, den Wurzelhaaren, schaffen ihrer Pflanze den nötigen Nährboden. Die Bodengesundheit hängt direkt mit dem Wurzelwachstum zusammen. Es ermöglicht die Produktion von Kohlendioxid, aus dem durch die Bodenfeuchtigkeit Kohlensäure entsteht. Diese wiederum bewirkt die Wandlung organischer Stoffe, was der Bodenfruchtbarkeit zu Gute kommt. Es braucht gute Wurzeln, um gute Erde zu kultivieren. Ungenügende Wurzeln fördern zu wenig das Bodenleben. Dies ist im konventionellen Ackerbau, insbesondere in Monokulturen, der Fall. Darunter leiden auch Mikroorganismen und Kleinstlebewesen. Ihr Leben verarmt, wird kraftlos. Sie schwinden dahin. In gesunden Böden existieren sie dagegen millionenfach.

Die Bezeichnung »gute Durchwurzelung« meint nicht nur die Menge und Stärke des Wurzelwerks, sondern auch die reichhaltige Verbindung zwischen Boden und Pflanze, ihre aktive Beziehung. Sie wird an den Wurzelenden, wo die Wurzelhärchen wachsen, besonders intensiv. Diese kleben gewissermaßen mit der Erde zusammen und wachsen ständig neu. Ein schwer zu beschreibendes Leben geschieht da im Erdreich. Die Härchen prägen entscheidend die Wurzelhaut und erweitern deren Aufnahmekapazität um ein Vielfaches. Sie befördern beständig Wasser und Mineralien in die Wurzeln, die durch sogartigen Transport die ganze Pflanze versorgen. Die Beziehung von Wurzel und Erde ist besonders aktiv, ja intim im Zusammenleben von Bodenpilzen und Wurzeln. Die Pilzwurzeln (Mykorrhiza) beziehen ihren Namen aus der Fähigkeit, Pilze aus dem Bodenhumus aufzunehmen, die ihrerseits in die Wurzeln eindringen wollen. Das verhält sich wie eine Hochzeit. Auf diese Weise bekommt die Pflanze unmittelbar die Nährstoffe, die in dieser innigen Beziehung auf sie übertragen werden. Hierdurch wird sie auch mit Abwehrstoffen versorgt. Die Härchen nehmen sie auf und leiten sie weiter. Und wieder ist der reife Kompost so wertvoll: Mit ihm werden die Pflanzen antibiotisch gestärkt. So können sie sich besser gegen Schädlinge verteidigen und »Angriffe« von Insekten und Krankheitserregern abwehren.

In Zukunft werde ich von Wurzeln sehr positiv denken. Bisher hatte ich sie schon an Bäumen bewundert, die sichtbar ihre Wurzeln in den Boden verzweigen, oft mit geradezu muskulärer Kraft. Hier im Moor müssen sich manche Bäume zwangsläufig festkrallen, vor allem wenn sie an einem Graben wachsen. Dabei lässt sich beobachten, dass sie besser verankert sind, wenn der Graben östlich des Baumes verläuft. Die meisten vom Sturm entwurzelten Bäume standen an westlich gelegenen Gräben, wo sie sich nur einseitig auf der dem Sturm abgewandten Seite verwurzeln konnten. Bei Wanderungen im Hochgebirge fallen dem Wanderer, soweit er in der Anstrengung noch den Blick frei hat, die bewundernswerten Künste der Bäume an Steilhängen auf, die mit ihren Wurzeln die Felsen umarmen und sich nach jedem Fleckchen Erde strecken. Da frage ich mich, kann man einen solchen heldenhaften Baum überhaupt fällen? Bäume und ihre Wurzeln sind Garanten für gesunde Berge. Sie halten in steileren Lagen die Erde und machen so die Vegetation überhaupt möglich.

In der Heilkunde wird bestimmten Wurzeln seit jeher große Bedeutung zugesprochen. In unseren Breiten gilt beispielsweise dem Baldrian besondere Wertschätzung, dessen starkwüchsige Wurzeln als Tee oder in Kapseln zur innerlichen Anwendung kommen. Er soll Nervosität, Unruhe und Schlaflosigkeit eindämmen. Als Heilmittel bekannt ist auch der Löwenzahn, dessen Wirkung als Pflanze sowie als Wurzel den Gallenfluss und die Verdauungstätigkeit fördert. Die Wurzel der Klette ist, was viele nicht mehr wissen, die Grundlage eines Haarwuchsmittels. Diese Wurzel wird zu Öl verarbeitet, das man auf die Haut aufträgt. Die Anwendung findet auch bei Milchschorf, Ekzemen und Schuppenflechte statt. Bekannter dürfte die Heilkraft des Meerrettichs sein, dessen Wurzeln ätherische Öle enthalten. Wenn man sie einatmet, führt das zwar zu Tränen, hat aber auch antibiotische Wirkung. Das aus der

Wurzel gewonnene Senföl kann Bakterien bekämpfen, die Atemwegserkrankungen und Harnwegsinfektionen hervorrufen.

Gärtner wird interessieren, dass die von ihnen so wenig geliebte Quecke, ein dominantes, sich ausbreitendes Halmgewächs, ein sehr potentes Heilmittel sein kann. Die Wirkung ihrer Wurzeln ist harntreibend und reinigend. Sie wird als Tee z.B. bei Blasenentzündung angewandt. In dieser Reihe darf auch die Ginseng-Wurzel nicht vergessen werden. Sie stammt aus dem asiatischen Raum (Korea, Russland). Manche bewerten sie als Allheilmittel. Ginseng-Extrakte sollen das Immunsystem stärken und gegen Erkältung und virale Grippe helfen. Ginseng-Gläubige schätzen seine Wirkung als allgemein hilfreiches Stärkungsmittel.

Heilkundige könnten jetzt eine ganze Litanei über verschiedene Pflanzen und ihre medizinische Kraft aufführen. Es würde die Wertschätzung der Wurzelkraft, die ich im Auge habe, bestätigen. Denn letztlich finden wir uns auf einer geistigen Ebene wieder, die ich am liebsten »Wurzel-Philosophie« nennen möchte. Sie ist sehr lebenspraktisch. Im Bild gesprochen haben Menschen mit »gesunden« Wurzeln gute Aussichten, den Herausforderungen des Lebens gewachsen zu sein. Sie können dafür genug Kraft und Vertrauen entwickeln. Sie erfreuen sich an den schönen Dingen und können genießen. Gesunde Wurzeln wachsen, wenn ein Kind in dieser Welt willkommen ist, genug zum Essen hat, geliebt wird und es unterscheiden lernt, was dem Leben dient und was ihm schadet. Andererseits können Wurzeln verletzt werden und siechen, falls dem Leben die nährenden Kräfte entzogen werden. Und dazu gehört in erster Linie die Nahrung selbst. Viele Millionen Menschen zeigen uns dies, die von Hunger bedroht oder betroffen sind. Täglich hören wir davon, dass Völker dieser Erde unter den Folgen von Trockenheit oder Überflutungen leiden, dass sie von Krieg überzogen werden. Sie müssen fliehen und brauchen die Hilfe der Weltgemeinschaft. Sie sind im Sinne des Wortes »entwurzelt«.

Wurzeln beziehen ihre Kraft aus dem Boden, in dem sie wachsen. Mit dieser Kraft lassen sie ihre Pflanze gedeihen. Sie machen sie standfest und lassen sie unter günstigen Bedingungen verwirklichen, was in ihr angelegt ist. Das menschliche Leben ist der Pflanze vergleichbar. Es braucht sein Wurzelleben, die Verbindung zur Erde und eine Heimat, einen Ort, an dem die Seele ihr Zuhause hat. Verwurzelung in diesem Sinne ist ein wesentlicher Faktor für geistige Gesundheit. Menschliche Beziehungen sind überaus wichtig für das Wurzelwerk des Lebens. Sie verleihen Zugehörigkeit und Halt und werden umso bedeutungsvoller, je komplizierter sich die Lebensbedingungen ergeben. Ähnlich den Pflanzen kann jeder Mensch einige starke Wurzeln entwickeln, auf die er vertraut. Dazu gehören die Verwirklichung von Begabung und Interessen, berufliche Aufgaben, Pflichten, Liebe und Sorge für andere und überhaupt Verantwortung in der Welt und in der menschlichen Gemeinschaft. Starke Hauptwurzeln braucht der Mensch ebenso in schönen, freudvollen und bestätigenden Erfahrungen. Aus all diesen »Feldern« bezieht er Kraft für das eigene Wachstum. Wie die Pflanzenwurzeln sich über ihre Härchen im ständigen Austausch mit ihrer Umgebung befinden, lebt der Mensch in den Bedingungen, die er vorfindet und wieder selbst gestaltet. Er nährt sich in der Achtung und Aufmerksamkeit für Alltägliches wie für das Besondere, das jeder Augenblick des Lebens bereithalten kann. Menschen, die den Augenblick achten, ihn gestalten und sich ihm hingeben, leben intensiv. Sie beziehen ihre Kraft aus Situationen, die andere als trivial ansehen. Im Augenblick zu leben fördert Schaffenslust und Kreativität. Dies wird zur Seelennahrung: Der Mensch erfreut sich am Austausch von Anerkennung, Dankbarkeit und Zuneigung.

Natürlich braucht es Beachtung, wie sich der Mensch vor Schaden schützt. Ähnlich den Pflanzen will das Leben möglichst unbeschadet seinen Lauf nehmen. Da spielt es eine wichtige Rolle, ob wir uns der

Schädigungen und ihres Ursprungs bewusst sind. Dies zu erörtern ist nicht einfach, denn wir sind selbst häufig die Quelle der Schäden, die wir bewältigen wollen. Vielfach sind wir uns der Probleme kaum bewusst, die wir anrichten. Alleine, wenn wir die von uns erzeugten Umweltschäden betrachten, kommen wir ganz schlecht weg. Die Schlüsse, die wir daraus ziehen müssen, wollen wir am liebsten verleugnen. Die »Wurzelphilosophie« lautet ganz schlicht und unnachgiebig: Was wir der Umwelt zufügen, kommt auf uns zurück. Und schon an den Wurzeln kranken wir sehr. Wir wollen, wie die Nahrung, die wir zuhauf produzieren, künstlich und optimiert sein, wir wollen uns und unsere Welt »designen«.

Das mag sich so anhören, als hätte hier jemand die Weisheit gepachtet. In dieser Beschreibung will ich keineswegs altklug sein. Vielmehr erkenne ich mich als Gärtner, der von den Pflanzen lernt, wie sie gesund wachsen können und kraftvoll werden. Ich möchte nährreiche Wurzeln haben, und ein natürlicher Mensch sein, kein Kunstprodukt einer unruhigen und eitel aufgebauschten Welt, die viele Pseudobefriedigungen anbietet, wofür die Natur rücksichtslos ausgebeutet und manipuliert wird. Das will ich nicht und ich glaube, viele Menschen wollen das eigentlich auch nicht. Aus der »Wurzelphilosophie« profitieren wir Menschen nicht nur für unsere körperliche Nahrung, sondern auch für das Wachstum unseres geistigen und seelischen Selbst.

10. Singen und Musik

Zum Thema Einfluss von Musik auf Pflanzen findet man eine Menge Stellungnahmen und Untersuchungsergebnisse im Internet. Mozart-Musik soll angeblich dem Gemüse sehr gut tun. Laut kreischende Rockmusik, vor allem Heavy Metal, hingegen hat den Mitteilungen gemäß keinen guten Einfluss auf die Pflanzen. Sie scheinen darunter zu leiden. Da fühle ich mit ihnen. Und Singen? Anscheinend kommt diese natürliche, elektrisch unverstärkte und unspektakuläre Weise, Stimmung zu machen, wenig zu gärtnerischer Geltung.

Dabei erinnern wir uns, dass einst beim Pflanzen wie beim Ernten Lieder gesungen wurden. Teilweise werden sie von Klein-Künstlern noch vorgetragen, die sie aus den Archiven ausgegraben haben.

Meine Gesangs-Geschichte geht auf meine Mutter zurück, genauer gesagt, auf die trauten Gute-Nacht-Rituale. Bei jedem von uns Kindern saß sie eine Weile am Bett und sang ein Lied, bevor sie Gute Nacht wünschte und uns in den Schlaf entließ. Sie sang verschiedene Lieder. Am liebsten mochte ich »O du stille Zeit«. Manchmal konnte ich sie dazu überreden, es ein zweites Mal zu singen. Dann hatte ich sie ein bisschen länger bei mir. Anscheinend hatte sie es auch gerne. Der Text des Liedes stammt, wie ich jetzt herausgefunden habe, von Joseph von Eichendorff (1788 bis 1857) und war von Cesar Bresgen (1913 bis 1988) vertont worden. Warum erwähne ich das? Es begegnete mir kürzlich wieder. Wir sangen es in einer mehrstimmigen Version. Anlass war ein Adventskonzert des Galeriechors in der Worpsweder Zionskirche. Immer noch verbinden mich warme Gefühle mit diesem einfühlsamen Lied:

»O du stille Zeit, kommst eh wir's gedacht. Über die Berge weit, über die Berge weit, Gute Nacht.

In der Einsamkeit rauscht es nun so sacht. Über die Berge weit, über die Berge weit, Gute Nacht.«

Ob es den Pflanzen und mir guttun würde, das Lied während der Abenddämmerung im Garten zu singen? Aber danach dürfte ich nicht mehr stören, etwa auf der Suche nach Nacktschnecken.

Tagsüber spricht nichts gegen einen Gesangsvortrag. In einem bin ich mir sicher: Die Pflanzen schätzen harmonische Melodien. Davon habe ich einiges zu bieten. Viele der Lieder, die ich seit meiner Jugend erlernt habe, singe ich auch heute noch. Das sind Stücke von Peter, Paul and Mary, Simon and Garfunkel, Donovan oder Bob Dylan. Wie mir scheint, stehen die pflanzlichen Freunde auf Harfenmusik aus der Bretagne und Irland. Psychologen würden behaupten, meine Schlüsse, was die Sympathie der Gartengewächse für Musik anbelangt, beruhen auf »Projektion«. Das ist eine Art Einbildung; man dichtet anderen an, was ein persönliches Bedürfnis oder Problem ist. Aber man kann von Psychologen nicht grundsätzlich erwarten, dass sie sich mit den Gefühlen auskennen, die zwischen Gärtner und Pflanzen ausgetauscht werden.

Musik und Gesang reichen in den Bereich der Magie. Für mich ist Magie die Kenntnis und Handhabung einer verborgenen Wirklichkeit. Wir Menschen sind gewöhnlich nicht mit ihr im Kontakt, jedenfalls nicht bewusst. Aber in Träumen betreten wir, meist unbeabsichtigt, verborgene Welten. Anders verhält es sich, wenn wir die Grenzen willentlich überschreiten. Das tun wir z.B., sobald wir uns in meditativer Verfassung Gedanken und Eindrücken hingeben, die uns wegführen von der augenblicklichen Situation. Musik hilft uns dabei. Auch das Singen kann uns von der Welt entfernen, entrücken und in Gefilde magischer Qualität führen. Es kann zu Zuständen intensiver gefühlvoller Rührung kommen, die wir uns im nüchternen Zustand nicht recht zu erklären wüssten. Hier liegt auch eine Chance, Pflanzen magisch zu begegnen. Märchen und zauberhafte Geschichten künden davon.

Die Geschichte von der Großmutter und ihrer Enkelin entstammt wohl dieser Sphäre: Es lebte eine alte Frau mit ihrem Kater in einem gemütlichen Häuschen. Oft war sie in ihrem Garten und hegte die Blumen. Ihre besondere Sorge galt einem alten Rosenstrauch. Die Alte hatte eine Enkeltochter, die oft zu Besuch kam. Beide saßen dann zusammen, im Sommer gerne auf der kleinen Terrasse, im Winter vor dem Feuer im Ofen. Sie hatten einander lieb. Als der letzte Herbst der Alten anbrach, sagte sie zu ihrer Enkelin, sie würde bald die Erde verlassen. Die Enkelin war sehr betrübt und hielt die Hand ihrer Großmutter. »Du musst noch bleiben«, sagte sie und schaute die Alte flehentlich an. »Das können wir nicht ändern«, meinte diese sanft. »Aber ich überlasse dir dieses Heim, das wird dich und mich trösten.« Dann waren beide still. Schließlich sprach die Großmutter mit festerer Stimme: »Zwei Bitten habe ich an dich: Sorge gut für den Kater und den Rosenstrauch. Wenn du das tust, wird es dir gut gehen.« Sie reichte auf die Kommode und holte einen verschlossenen Briefumschlag. »Diesen öffnest du im Frühjahr. Er enthält etwas Wichtiges, das du dann wissen musst.« Bald darauf ging die Alte ihren letzten Weg. Die Enkelin schloss weinend die leblosen Augen ihrer Großmutter.

Viele Wochen trauerte sie, kümmerte sich aber liebevoll um den Kater, der es ihr maunzend dankte. Als sich das Frühjahr mit den ersten wärmenden Tagen näherte, erblühten die Krokusse, dann die Primeln und Narzissen. Das half der jungen Frau in ihrem Kummer. Es war ihr, als käme nun die Großmutter manchmal vorbei, wenn abends die Kerze auf der Kommode brannte. Nach Ostern kehrte die Einsamkeit zurück. Die Osterglocken verblühten und die junge Frau fiel wieder in große Traurigkeit. So schaute sie hilflos zum Fenster hinaus. Ihr Blick ging zu dem

Rosenstock. Sie hatte ihm genügend Wasser gegeben. Auch hatte sie ihn gedüngt, auf dass er Knospen ansetzen und bald erblühen würde. Aber er stand kahl und genauso traurig da, wie sie es war. Der Kater sprang auf die Kommode und warf dabei den Korb herunter. Da erblickte die Enkelin den Brief, den sie im Frühjahr lesen sollte. Sie war ein wenig erschrocken, da sie ihn vergessen hatte. Sie öffnete ihn und las: »Meine allerliebste Enkeltochter! Nun bin ich schon eine Weile nicht mehr bei dir, habe dir aber den Rosenstock hinterlassen. Er wird dir genug Kraft geben, um ins Leben zu treten. Du musst ihm Musik vorspielen. Am liebsten mag er den Frühling von Vivaldi. Du findest die Schallplatte in der Kommode. Alles Liebe, Deine Großmutter.« Als die junge Frau den Brief las, war es ihr, als stehe die Großmutter neben ihr. Sie weinte ein paar Tränen und holte dann die Schallplatte heraus, um sie abzuspielen. Dann öffnete sie Tür und Fenster zum Garten. Die Musik erfüllte das Zimmer und tönte weit hinaus. Die Geige sang wie die Vögel des Frühlings. Vor dem Fenster hörte der Rosenstock zu und da er nun jeden Tag mit seiner Musik genährt wurde, begann er bald Knospen zu treiben. Im Sommer erblühten die Rosen in ihrer wiederkehrenden Farbenpracht. Die Enkelin freute sich an ihm, und dann schien es ihr, als sei die Großmutter bei ihr.

Gärten und Musik haben vieles gemeinsam. Sie werden von Menschen gestaltet, künden von Schönheit und Wachstumsfreude. Vieles, was der menschlichen Seele entspringt, können beide auf ihre Weise ausdrücken. So zieht es uns auch in die Gartenschauen, in die Parkanlagen und Naturgärten. Sie sind bisweilen tatsächlich wie Musik. Vögel singen im Frühjahr, laue Lüftchen umwehen uns und wir mögen uns ins Gras legen und einfach nur da sein. Es würde mich nicht wundern, wenn die geschilderte Geschichte nicht nur ein Märchen wäre, sondern von wirklichen Einflüssen erzählen kann.

Die Musik, die ich selber gerne im Garten höre, dürfte den Pflanzen auch bekommen. Oft ist es Harfenmusik, sie tönt aus einem Smartphone, das in meiner Hosentasche steckt. Ich muss ja die Hände frei haben. Die einzelnen Stücke wurden mir von unseren Kindern aufgespielt. Wenn die Sonne scheint, ein leichter Wind weht und ich guter Laune bin, geht alles Hand in Hand. Die Musik, das Lied, die grabenden, säenden oder jätenden Hände, die Stimmung der Pflanzen und wohl auch des mikrobiotischen Lebens in der Erde. Vermutlich fühlen sich die Würmer, Käfer und Asseln zum Tanzen angeregt beim Verzehr und Verdauen ihrer Nahrung. Solche Situationen sind makellos, erreichen Spitzenwerte auf der Skala gärtnerischer Harmonie.

11. Die Christrose

Auf dem Erdstreifen, der den Weg zum Eingang unserer Praxis begleitet, wachsen fünf Christrosen. Sie sind in größeren Abständen angepflanzt worden und hatten sich nur langsam entwickelt. Das liegt wahrscheinlich an der sonstigen dichten Bepflanzung, unter anderem mit Phlox, Hortensien, Johanniskraut und Astern. Sie überwuchern die Christrosen, die man den Sommer über dort kaum vermutet. Aber im Herbst, wenn die Stauden beschnitten sind, tauchen sie auf, als hätte sie jemand aus einer tieferen Etage hochgeholt.

Dieses Jahr sind mir die Christrosen noch lieber als bisher. Sie blühen bereits, dabei haben wir erst Oktobermitte. Als ich sie frei schnitt, leuchteten sie mir entgegen, sie lächelten in ihrer bescheidenen und unbekümmerten Art. Hier sind wir, schienen sie lachend zu sagen, da ich sie staunend betrachtete. »Wie kriegt ihr das hin zu blühen, wo doch der Phlox euch zugedeckt hat?«, wollte ich wissen. »Es hat viel geregnet, das können wir ertragen. Es ist immer noch mild - und du kommst auch jeden Tag vorbei, das finden wir ganz nett.« So oder ähnlich schienen sie mir zu antworten. Dann fügten sie an: »Und der Phlox hat uns nichts ausgemacht, das sind ja nur noch trockene Stängel. Wir wussten, dass unsere Zeit kommt, wir können warten.« Beneidenswert diese Ausdauer, Gelassenheit, ja dieses Selbstbewusstsein, dachte ich.

Als sie aus dem Verborgenen auftauchten, erschienen sie mir wie ein Spiegel. Geht es uns Menschen nicht ähnlich? Oft wird unser sensibles Gemüt zugedeckt von Beschäftigungen und Verpflichtungen. Es taucht wochenlang kaum auf und dann passiert etwas, was die Aktivitäten, die unseren Alltag besetzt halten, zurechtstutzt, ihnen ihre Grenze zeigt. Sie müssen eingeschränkt werden. Vielleicht sind wir ermüdet, erschöpft und sehnen uns nach Kraft. Woher soll sie kommen? Offenbar nützt es nichts, noch mehr Aktivitäten draufzusatteln, auch wenn es mit der Absicht geschieht, die Kraft zurückzugewinnen. Zum Beispiel schaufeln wir einen Abend frei, um mit einer Abwechslung, einem Kino- oder Kneipenbesuch etwa, zu uns zurückzufinden. Und trotzdem bleibt ein fader Geschmack. Wir finden keine Ruhe in uns. Irgendwann geht unsere Kraft zu Ende, ähnlich dem Phlox auf dem Beet, dessen Blüte abstirbt. Die Stängel befördern auch keine Energie mehr und weder Regen noch Sonne können etwas für die Pflanze tun. Dann müssen wir wohl das, was jetzt existieren will und womöglich blühen könnte, befreien. Vielleicht wächst von unten sogar rasch etwas nach, was nur darauf wartet, dass es den nötigen Platz bekommt. Wenn es endlich oder wieder blühen kann, gewinnen wir Distanz zu eingefahrenen Bemühungen, zu starren Zwängen, ungesundem Ehrgeiz, unnützer Eitelkeit oder anderen Zuständen, die unser Gemüt zugedeckt haben. Uns wird bewusst, was da schon mal in Schönheit erstrahlt hatte oder nun neu in unser Leben tritt.

Meine Zuneigung zu den Christrosen begann vor vielen Jahren. Eine Patientin hatte mir eine Pflanze am Ende einer Therapie zum Abschied geschenkt. Viele Sitzungen hatten wir uns beide um ihr Seelenheil gekümmert. Das war nicht einfach, vieles stand dem im Wege. So konnte ich die Sympathie, die ich für die Frau erlebte, auf die Christrose übertragen. Sie fand ihren Platz direkt vor dem Praxiseingang und schien sich dort wohl zu fühlen. Über Jahre blühte sie zur Weihnachtszeit und ins Frühjahr hinein. Davon angeregt kaufte ich noch weitere junge Christrosen hinzu und verteilte sie. Sie brauchten ihre Zeit, bis sie stark genug wurden. Ihre Kraft investieren die Christrosen besonders in den Wurzelstock, der die ausladenden Blätter nährt und vermehrt. Letzten Winter waren meine Pflänzchen herangewachsen und bereit für mehrere ihrer feinen weißen Blüten. In diesem Herbst empfingen sie mich gleich mit beginnendem Blütenstand.

Die Christrose ist ein Spiegel für den Wunsch der Menschen nach Hilfe in ihrem Leben. Sie galt als medizinisches Mittel gegen allerlei, sogar gegen Epilepsie und schwere psychische Erkrankungen. Sie wurde zur Stärkung des Herzens und als harntreibendes Mittel verwendet. Überdosiert wirkt sie aber giftig. In der Volksmedizin findet sie noch Anwendung als Brech- und Abführmittel, auch gegen Wassersucht und Harnverhalt. Die Homöopathie räumt ihr ebenso medizinische Kraft ein.

Die Christrose heißt auch Nieswurz, denn ihre Wurzeln reizen zum Niesen. Im pulverisierten Zustand ist sie Bestandteil des Niespulvers und des Schnupftabaks. Das Niesen gilt als Befreiung von Fremdkörpern und Krankheitserregern, die durch die Nase Eingang in unseren Organismus finden. Insofern ist die frühere Vorstellung gar nicht verkehrt, Niesen beuge gegen mögliche Krankheit vor (womit auch böse Geister gemeint waren). Damit mag der Volksglaube zusammenhängen, die Christrose besitze große Kraft und könne den Menschen vor bedrohlichen Krankheiten und bösen Einflüssen schützen. Diese Vorstellung stand in Verbindung mit ihrem weihnachtlichen Erblühen, wenn sonst kaum eine Pflanze in der Natur auflebt. Der Mensch sucht in der dunklen, weitgehend vegetationslosen Jahreszeit Stärkung und Schutz. Er möchte ja den Winter gesund überstehen. Die Periode zwischen den Jahren, auch Rauhnächte genannt, galt schon immer als die gefährlichste Zeit, denn die Sonne beginnt nur zögerlich, wieder an Kraft zu gewinnen. Christrosen widerstehen der Trostlosigkeit, die sich im Winter wochenlang über das Land breitet. Sie sind ein Licht in dunkler Zeit, wie auch die Blüten zeigen, die weißhell aus dem graubraunen Nass herausscheinen. Diese Pflanzen lassen sich von dem Mangel an Vitalität nicht anstecken, und wer sich mit ihnen verbindet, in ihnen Trost und Rückhalt findet, kann sich tatsächlich gestärkt fühlen.

12. Abschiede

Das Leben sei ein beständiges Abschiednehmen, habe ich kürzlich einen Bekannten sagen hören. Jeden Abend nehme der Mensch von einem Tag Abschied. Mal sei es gut, dass der Tag vorbeigegangen ist. Mal sei es schade, weil er so schön, so erfüllend war. Nett und klug gesprochen. Die Wenigsten unter uns nehmen das aber wahr. Im Urlaub vielleicht, wenn die Sonne mit rosa-gelber Himmelsfärbung untergeht und im Meer versinkt. Dann sitzen wir am Rand der Dünen und werden sogar still in leicht melancholischer Stimmung. Ist die Sonne schließlich rosa oder gar knallrot abgetaucht oder hat sich von fernem Dunst die Schönheit rauben lassen - ist sie weg. Der Himmel mit seinen Wölkchen mag sich noch in ein Farbenmeer verwandeln und den Beschauern ehrfürchtiges Bewundern zugestehen, der Tag jedoch ist vorbei. Schluss, aus! Die Beschauer verwandeln sich in erduldende, hoffende, jetzt-erst-recht-lebendige Wesen, je nach Alter, Glücksverfassung und Geschäftigkeit.

Während eines Juni-Urlaubs an Dänemarks Nordwestküste hielten Christa und ich lange Andacht am ruhig dahinplätschernden Meeresstrand. Das letzte Sonnenlicht spiegelte sich bewegt in den sanften Wellen direkt zu unseren Füßen. Der sommerliche Norden ist mitunter sehr genießerisch. Es gelingt dem Himmel, die Dunkelheit noch lange abzuwehren. Doch aufhalten lässt sie sich nicht. Wir wandten uns dem Heimweg zu. Da tauchte eine fröhliche Bande junger Menschen auf und zog nach längerem Palaver ihre Kleidung aus. Mit lauten Lust-Schreck-Rufen sprangen die Jugendlichen in die Fluten und spritzten einander das Wasser zu. Sie hielten bemerkenswert lange im kühlen Nass aus. Dann kamen sie bibbernd an Land und zitterten sich in ihre Handtücher. Bilder aus der eigenen Jugendzeit blitzten auf. Nächtliches Baden am Baggersee, ein Kasten Bier, ein kleines Feuer und vielleicht sogar eine romantische Lebensphase. Das Leben will gefeiert werden. Es geht auch mal zu Ende.

Eine Bekannte, die mein gärtnerisches Leben kennt, äußerte die Vermutung, ich würde durch den häufigen Aufenthalt in der Natur wohl viel vom Jahreslauf mitbekommen. Sie sagte dem Sinn nach: Das steckt dann in einem drin, so als werde man Teil des natürlichen Ablaufs.

Darüber musste ich nicht lange nachdenken, um zuzustimmen. Sie hatte etwas kommentiert, das mir einige Zeit schon durch den Kopf ging, ich konnte es nur nicht in Worte fassen. Der Herbst war ins Land gezogen und mit ihm wandelte sich auch mein Leben. Außer dem Wort »Abschied« hatte ich keine Formulierung verfügbar, dafür aber ein anhaltendes melancholisches Gefühl. Oder sogar Trauer? Dieser Zustand wiederholt sich Jahr für Jahr. Von Mitte August an baut er sich unmerklich auf und mündet zum November hin in eine Art resignierender Leere gepaart mit zähem Pflichtbewusstsein und einer seltsam sicheren Erwartung, einen Neuanfang machen zu können.

Mit dem Alter wird der melancholische Anteil intensiver, auch wenn er noch von Aktivitäten überdeckt erscheint. Angesichts der reichen Ernte hatten wir viel zu tun, die Gartenfrüchte für die kalte Jahreszeit einzukochen, einzulegen oder einzufrieren. Auch mussten die Beete gesäubert, entkrautet und hergerichtet werden. Sie erhielten ihre neue Mulchdecke aus Grasschnitt. Manche wurden für Salate eingesät. In anderen stand noch der Porree oder der Mangold. Das Netz über dem Grünkohl konnte entfernt werden, die Kohlweißlinge hatten ihre Fortpflanzungszeit hinter sich. Wochenlang überwog das Gefühl: Es gibt noch genügend zu tun. Die Temperaturen aber gingen langsam runter und die Tage wurden kürzer. Der Moment kommt unweigerlich, da lässt sich nicht mehr leugnen, dass das Pflanzenwachstum und die Gartenfreude dem Ende zustreben.

Auch heute - es ist Nikolaustag - habe ich wieder diese Wehmut. Ich war gerade draußen, um Blätter vom Hof zu fegen, Stauden zu beschneiden und auf dem Acker ein Blumenbeet zu räumen. Dort habe ich übrigens einen Knollensellerie entdeckt, für den ich im Frühjahr sonst keinen Platz hatte. Wir werden ihn würdig verzehren. Christa fragte mich, ob das denn gut tue, da draußen zu sein. Ich sagte, seelisch ja. Und das stimmte auch. Aber es war ein weiterer Abschied vom Garten, von einem fruchtbaren Jahr, von ekstatischen Gefühlen, von Dankbarkeit und Zufriedenheit, die dieses Leben einem schenkt.

Der jährliche Abschied vom Garten hat keinen festen Terminplan. Wir wissen, wann die Eisheiligen drohen und nach ihnen gleich die kalte Sophie (11. bis 15. Mai). Auch die letzte Kälte des Frühjahrs, die Schafskälte, überzieht ziemlich verlässlich das Land in der ersten Junihälfte (dieses Jahr am 11. Juni). Andere Termine liegen auch relativ fest, so die Aussaat der Möhren Ende Februar bis Mitte März, das Einbringen der Kartoffeln Ende April und die Bohnensaat frühestens nach den Eisheiligen. Im Herbst sollte der Gärtner nicht zu früh sein Feld verlassen. Warum graben manche Gartenfreunde ihren Acker schon im September um? Das tut nicht not, da dort immer noch einige Gemüsesorten stehen, sogar wachsen können. Ich hatte sie bereits erwähnt, Porree z.B. oder Mangold, Feldsalat, Winterendivien, Grünkohl sowieso, der in den hiesigen Breiten seinen winterlichen Beitrag für deftiges Kohlessen liefern soll. Er wird frühestens nach dem ersten Frost geerntet, weil sich dann die Maden leichter rauswaschen lassen. Die Norddeutschen sagen, dann hat der Kohl die richtige Reife erreicht. So gesehen ist der Gemüsegarten ein wohlmeinender Freund und kann das Abschiednehmen in die Länge ziehen. In Fachbüchern wird gerne ermutigend behauptet, der Gärtner habe zu allen Jahreszeiten etwas zu tun. Beispielsweise wird geraten, schon beizeiten mit den Vorbereitungen für die nächste Saison zu beginnen. Ich kann das wohl verstehen, die Sehnsucht nach dem Garten, nach körperlicher Betätigung und nach frischer Luft ruft uns hinaus. Aber Sinn macht es nicht. Zu früh würde eine Saat vorgenommen oder etwas angepflanzt, obwohl alleine der Boden noch zu kalt ist. Vielleicht hilft es den Ungeduldigen, Frühbeetkästen zu bauen und darin Salatpflänzchen und Radieschen zu ziehen. Vor dem Wohnzimmerfenster ist auch Platz für einen Saatkasten, da kann man Salate vorziehen, die ins Frühbeet wechseln, wenn die kalten Nächte zurückgehen.

Wird das Gewächshaus geräumt, geht die Saison zu Ende. Ich schiebe diese Aktion so lange es geht hinaus. Dieses Jahr passierte sie Anfang November. Wir hatten unseren jüngeren Sohn Arne mit seiner Lebenspartnerin zu Besuch. Sie übernahmen einen Teil der Holzarbeit, die nach den Stürmen angefallen war. So hieß es, in der Mittagspause eine kräftigende Mahlzeit auf den Tisch zu stellen. Im Gewächshaus lag der Basilikum-Strauch in den letzten Zügen und bot noch genügend Blätter für ein Pesto an. Einige nurmehr grüne Tomaten hingen schlaff an verrottenden Stielen, die von Stangen gerade noch gehalten wurden. Die Tomaten durften auf die Fensterbank des Wohnzimmers wechseln, um nachzureifen. Ich beförderte die Pflanzenreste, die im Gewächshaus vor sich hinwelkten, auf den Komposthaufen. Das war der Zeitpunkt für den Schlussstrich. Erst im zeitigen Frühjahr werde ich das Gewächshaus wieder betreten, um die dortigen Beete mit Kompost anzureichern und zu mulchen. Das Pesto verlängerten wir mit Petersilie. Die Kalorien lieferten Spagetti und eine großzügige Portion geriebenen Parmesans. Es schmeckte uns vorzüglich; ein würdiger, genussvoller Abschied. Ich habe mich ein weiteres Mal mit dem Unvermeidlichen arrangiert.

Abschied ist ein großes, weit gespanntes Thema. Es reicht von befreienden Erlebnissen bis hin zu tragischen Verlusten. Wo soll ich da ein Thema ansiedeln, dem wir uns alle früher oder später werden stellen müssen, vor allem unsere Kinder und Enkelkinder? Der Abschied vom ausreichend bis gut finanzierten Rentenalter ist bereits in Reichweite, soweit es die staatliche Rente betrifft. Der Abschied von der Vollbeschäftigung ist ebenfalls absehbar. Digitalisierung und Automatisierung ersetzen unsere Arbeitskraft. Sie nehmen den Menschen die Sinnhaftigkeit und Bestätigung, die sie durch Arbeit erfahren. Andere Selbstverständlichkeiten werden weichen, wie der Handel mit Bargeld oder die Lektüre von Zeitungen und Büchern. Einen weiteren Abschied mögen wir gar nicht ins Auge fassen: das Ende des unendlich erscheinenden wirtschaftlichen Wachstums. Wir ahnen allerdings längst, dass es nicht ewig verschwenderisch weitergehen wird. Einschränkungen werden auf uns zukommen. Es wird Gesetze geben, die unseren Konsum regulieren, die skandalösen Verschwendungen von Lebensmitteln Einhalt gebieten sollen. Da der Plastikmüll die Meere und die Meerestiere verseucht und die Entsorgung sehr viel Geld kosten wird, sind gesetzliche Einschränkungen von Plastiktüten und -verpackungen zwingend notwendig.

Weil die massenhafte Tierhaltung zu untragbaren Umweltschäden führt, wird der Fleischkonsum über Gesetzesauflagen reguliert werden. Wegen der wachsenden Erdbevölkerung werden Ackerflächen für die Lebensmittelproduktion gebraucht. Lebensmittel für Mensch und Tier werden teurer. Ja, der Abschied vom gewohnten Lebensstil wird kommen.

Und so lässt sich eine Liste von Einschränkungen unseres Lebensstils zusammenstellen, die ungeahnt vieles erfasst. Das Marktgeschehen ist so vernetzt, dass Produktionseinbußen in wichtigen Sektoren weltweit riesige Wellen schlagen. Wie folgenreich wir in der ökonomischen Vernetzung stecken, zeigten deutlich die Auswirkungen der Finanzkrise von 2008. Wir vermeiden es daran zu denken, doch wir ahnen es: Die nächste Wirtschaftskrise wird kommen.

Überfluss ist ein allgemeines Phänomen in unserer Kultur. Abschiednehmen vom Überfluss kann eine befreiende und fördernde Wirkung haben, befreiend von kostspieligem und zeitraubendem Ballast und fördernd für selbständiges, kreatives Handeln. Vielen Menschen wird der Überfluss beispielsweise bewusst, wenn sie einen Umzug planen und feststellen, wie viel überflüssige Dinge sich in ihrem Haushalt angesammelt haben. Dann macht es zwar Arbeit diese auszusondern, zieht aber auch das Gefühl nach sich, unnütze Sachen loszuwerden. So lässt sich bewusst machen, dass man mit weniger Anschaffungen und Ansprüchen nicht schlechter lebt, eher besser (und billiger).

Das Thema Abschied hat immer auch einen existenziellen Bezug. In jedem Abschied, der einem schwer fällt, schwingt das Unausweichliche mit. Lapidar gesagt, alles hat mal ein Ende. Für uns Menschen künden sich Züge des Abschiednehmens an, wenn die Kräfte nachlassen. Was uns, Christa und mich anbelangt, so spüren wir das durchaus. Aber bislang kehrten die Kräfte ausreichend zurück, wenn das Frühjahr anbrach. Das Gartenjahr nahm seinen Anfang, das machte uns munter. Mit zunehmendem Altern müssen wir uns, das ist dennoch absehbar, bescheiden. Es wird uns nichts anderes übrig bleiben, als uns zu »verkleinern«. Dafür schmieden wir konkrete Pläne. Wir könnten auswärtige Helfer suchen. Ein rüstiger Gärtner hat uns im Herbst tatkräftig darin unterstützt, den Teich zu säubern. Eine Arbeit, die ich sonst erledigt hatte. Aber dieses Mal streikte mein Körper und musste durch Physiotherapie und tägliche Gymnastik wieder von den Schmerzfesseln befreit werden. Ich werde wieder fit, da bin ich sicher. Wie auch immer – das Thema ist nicht aus der Welt zu schaffen. Gleichwohl will ich in kleinerem Rahmen für unsere Selbstversorgung eintreten. Dafür werde ich weiterhin meine Muskeln flexibel und kräftig halten.

Wie die meisten Menschen erschreckt mich die Perspektive der Vergänglichkeit. Das hat gewiss mit meiner Begeisterung für gärtnerisches, selbstversorgendes Leben, für Fruchtbarkeit und Schönheit der Natur zu tun. Von den Liebsten Abschied zu nehmen, ist am schlimmsten. Ein von Aktivität erfülltes Dasein aufgeben zu müssen, potenziert die Traurigkeit. Damit stehe ich gewiss nicht alleine. Das Erleben von Kraft und Ausdauer ist sehr erfreulich, zumal wenn man älter wird. Mit der eigenen Aktivität etwas zu erschaffen, was zu mehr oder weniger reichen Ernten führt, ist eine Erfahrung, die durch nichts in der Welt zu ersetzen ist. Um es dramatisch zu formulieren: Das Wissen um die Endlichkeit ist im Grunde unerträglich, eine absurde Vorstellung, solange das Leben mit Sinn, Liebe und Kraft erfüllt wird. Und davon bekommt ein Gärtner, eine Gärtnerin auf dem fruchtbaren Acker vieles geschenkt. Bis es eben zu Ende geht. Dann bleibt nur zu hoffen, dass ich letztlich sagen kann: Es hat sich gelohnt, das war ein erfülltes Leben.

13. Die Geliebte

Die Überraschung hält an. Noch immer hole ich sie zu uns ins Haus, obwohl das Jahr seinem Ende zustrebt. In wenigen Tagen wechseln wir zum Dezember. Mehrfach hatten wir schon Nachtfrost. Er ließ die Blätter des Mangolds schlapp werden. Ihm schlossen sich die meisten Endivienköpfe an. Von ihnen haben wir gestern zum letzten Mal gegessen. Einzig der Feldsalat hat durchgehalten. Wenn es nicht wirklich kalt werden sollte, können wir ihn noch einige Wochen ernten. Das ist gut so, denn seine Blätter sollen besonders gesund sein und uns vor den mittlerweile aufdringlichen Krankheitserregern schützen. Das liegt an seinem Vitamin C, das nun sehr erwünscht ist. Der Feldsalat unterstützt auch die Produktion von Vitamin A im Körper. Ergiebig ist weiterhin der Gehalt an Folsäure, die für die Neubildung von Zellen mitverantwortlich ist. Und schließlich finden sich im Feldsalat noch Kalium, Calcium und Magnesium. Das soll man ja alles wissen, wenn es um Gesundheit geht. Aber was mindestens genauso wichtig ist: Der Feldsalat schmeckt herzhaft und ist schon beim Zerkauen appetitanregend. Ich gebe noch einige Apfelschnipsel, Zwiebelstreifen und etwas Schafskäse dazu.

Und wer ist »sie«, die »Geliebte«? Es ist die Petersilie.

Erstmals bekam sie Bedeutung für mich, als das Pop-Duo »Simon and Garfunkel« das wunderschöne englische Volkslied »Scarborough Fair« weltweit bekannt machte. Das Lied bezauberte mich nicht nur durch die zarte melancholische Melodie, sondern auch mit seinem lyrischen Text. Paul Simon hatte den Text etwas verändert. In der alten Version, wie sie auf »Wikipedia« wiedergegeben ist, tragen sich Mann und Frau gegenseitig ihre Forderungen vor, um für die partnerschaftliche Liebe bereit zu sein. Es handelt sich um unmöglich zu erfüllende Forderungen. Z.B. will der Mann ein Batisthemd ohne Naht und Saum genäht bekommen. Die Frau verlangt u.a., er solle einen Morgen Land für sie finden, das zwischen dem Salzwasser des Meeres und dem Strand liegt. Das klingt ziemlich mystisch und erinnert an absurde Meditationsformeln, die das Hirn durcheinanderbringen sollen. In allen Strophen werden vier Kräuter besungen: Petersilie, Salbei, Rosmarin und Thymian. Die beständige Wiederholung klingt wie eine magische Anrufung. Das soll sie wohl auch sein, denn Mann und Frau überfordern einander, realistisch gesehen. Sie brauchen tatsächlich magische Hilfe, die sie über die riesige Hürde des Unmöglichen trägt. Dann erst finden sie zu einander. Immerhin heißt es in der ersten Strophe, die von Mann und Frau gemeinsam gesungen wird, »sie war einst meine wahre Liebe«. Das Gleiche singen beide in der Mitte des Lieds, nun aber »er war einst meine wahre Liebe«. Als letzte Strophe heißt es schließlich: »Wenn du sagst, dass du das nicht kannst, dann antworte ich: Petersilie, Salbei, Rosmarin und Thymian. Sage mir, dass du es wenigstens versuchen wirst, oder du wirst niemals mein Liebe sein.«

In der Version von Simon and Garfunkel ist vom Versuchen keine Rede, sondern es heißt lapidar, »wenn du deine Arbeit erledigt hast, dann komm zu mir für dein Batisthemd und du wirst meine wahre Liebe sein«. Das scheint mir die modernen Paarprobleme gut ins Visier zu nehmen. Unnachgiebiges Fordern bestimmt die Beziehung, die einmal von Liebe geprägt war. Das Anliegen, einander verbunden zu bleiben, verliert aber seine entscheidende Bedeutung für gelingendes Paarleben.

Es ist rührend, wie die Magie der Kräuter immer wieder angerufen wird. Auf mich wirkt das fast kindlich hilflos. Und doch ist es zutiefst wirklichkeitsnah, Hilfe herbeizurufen, um die gegenseitigen Überforderungen zu meistern. Eheleute brauchen in den Phasen gegenseitiger Enttäuschung die nötige Ausdauer, Treue, Stärke und den Liebeszauber, um sich einander wieder zuzuwenden. Eben dies symbolisieren die angerufenen Kräuter.

Bemerkenswert ist im Übrigen, dass es sich zugleich um Heilmittel der Volksmedizin handelt. Als ich nach ihrer symbolischen Aussage forschte, war auffallend, wie wenig sie in der christlichen Symbollehre vorkommen. Bäume und Blumen gibt es da zuhauf, aber mit Kräutern scheint die christliche Religion nicht in besonderer Weise zu tun zu haben. Allerdings ermöglicht es der Bezug zur Gottesmutter Maria, Kräuter auch spirituell wertzuschätzen, denn viele von ihnen werden Maria im christlichen Volksglauben gewidmet. Das wundert mich nicht, denn die Kräuterlehre war und ist hauptsächlich Frauensache, und wem können Frauen in einer männlich dominierten Religion vertrauen? Doch am ehesten einem verehrungsswürdigen weiblichen Wesen.

Und da kommt die Petersilie ins Spiel. Ihr wird mystische Kraft zugesprochen, die weiblicher Natur sein soll und angeblich die Bindung unter uns Menschen unterstützt. Als medizinisches Kraut kann sie einen übersäuerten Magen behandeln. Im übertragenen Sinne hilft sie, seelische Verbitterung zu überwinden. Sie steht für Stärke. Die anderen Kräuter sollen nach alter Vorstellung ebenfalls nicht nur medizinisch helfen. Salbei, in der Volksmedizin ein antiseptisches Mittel, unterstützt Kraft für die partnerschaftliche Beziehung und Wissen um die Bedingungen ihres Gelingens. Rosmarin war im Mittelalter Teil des Hochzeitsbouquets und versinnbildlicht Treue. Schon des starken Geruchs wegen wird er dauerhaft die Quelle der Bindung, die Liebe, wachhalten. Thymian wurde zur Wundheilung benutzt. Im übertragenen Sinn setzt auch er auf Stärke, nun aber verbunden mit Vertrauen und Mut. Die Dame heftete einst ihrem Ritter Thymian an seine Kleidung. Sie zeigte damit, dass sie seine Verehrung annahm und an ihn glaubte. Wenn wir uns die partnerschaftlichen Probleme unserer Zeit anschauen und das Scheitern so vieler Beziehungen registrieren, so scheint mir, wir können von den symbolischen und seelischen Gehalten dieser Kräuter eine kräftige Dosis gebrauchen.

Die Petersilie und ich haben eine gemeinsame Geschichte. Sie begann zunächst gänzlich unbewusst wie wahrscheinlich bei den meisten Menschen, die sie als hübsche grüne Dekoration von Speisen sehen und sie sogar auf dem Teller zurücklassen, als wäre sie nur nettes Beiwerk. Richtig ernst nahm ich die Petersilie ziemlich spät. Als ich meinen ersten Gemüsegarten anlegte, säte ich ihre Samen zwischen die Reihen des Pflücksalats. Sie wird schon irgendwie wachsen, dachte ich. Das tat sie auch - ein wenig, bis der Salat sie zudeckte. Petersilie braucht ihre Zeit, bis sie zur vollen Größe heranwächst. So bekam sie eine Saatreihe im ausreichenden Abstand vom Salat. Mittlerweile lege ich ein eigenes Beet an mit je einer Reihe glatter und krauser Petersilie. Erstere ist robuster und verliert ihre Vitalität erst bei anhaltendem Frost. Im Frühjahr säe ich Radieschen dazwischen, wenn die Petersilie noch nicht so füllig ist.

Im Zuge der Lektionen, die mir der Garten mit seinen Pflanzen Jahr für Jahr erteilte, bemerkte ich, wie sensibel Petersilie auf ihre Bodengrundlage reagiert. Zunächst ging ich davon aus, jede Gemüsepflanze wäre dankbar für Schafsmist aus der Winterhaltung. Zudem arbeitete ich die Mulchdecke des Vorjahrs unter. Mein naives Vertrauen in die Verarbeitungskraft der Erde war grenzenlos. Irgendjemand unter den Mikroorganismen, Würmern, Asseln und Käfern, die sich in den Beeten tummeln, würde sich um die Einarbeitung und Verwandlung des ungaren Komposts schon kümmern. Die Petersilie mochte diese Beetzubereitung aber nicht besonders. Viele ihrer Pflanzen blieben im Wachstum zurück und wurden bald gelb. Da immer noch genug gesunde Pflanzen für unseren Bedarf übrig blieben, kümmerte ich mich nicht besonders um die Düngerfrage. Zufrieden war ich jedoch nicht. Als die Petersilie scheinbar wie zufällig eine Saison lang zur wahren Pracht herangewachsen war, wollte ich verstehen, was ich richtig gemacht hatte. Besucher standen damals vor dem Beet und staunten. »Wie kriegst du das hin?«, wollten sie wissen. Ich wusste es nicht. Stattdessen flachste ich, in England gäbe es eine

Bauernweisheit, die besagt, Petersilie gedeihe nur dort, wo der Mann das Sagen hat. Die Besucher reagierten je nach Geschlechtszugehörigkeit unterschiedlich. Aber Chauvinismus kann ja nicht die plausible Erklärung liefern. In den letzten Jahren säe ich die Petersilie nurmehr in ein ungedüngtes Beet, das noch reich genug an Nährstoffen aus der letztjährigen Kompostdüngung ist. Dabei stelle ich mir vor, die Mikroorganismen und die anderen Bodenhelfer haben die Erde rein gemacht von unerwünschten Bestandteilen. Petersilie will gut gefüttert sein, aber nicht mit unreifen Mitteln. Sie ist eine Dame mit großer puristischer Haltung. Sie will gleiche Augenhöhe mit dem Gärtner, Respekt und Bewunderung. Viele machen den Fehler, in ihr dieses dekorative Moment zu sehen, auf das man auch verzichten kann. Aber das wird ihr nicht gerecht.

Petersilie ist Medizin, Würzmittel und Nahrungsergänzung im besten Sinne! Angefangen bei den Vitaminen über die mineralischen Gehalte bis hin zu den ätherischen Bestandteilen bietet sie vieles, was man ihr kaum zutrauen würde. Auch deshalb glaube ich an sie. Die Petersilie hat viel zu bieten, ist aber kein Angeber. Beispielsweise liefert sie die Vitamine A, B1 bis B6, C, Folsäure und Vitamin K. Sie enthält lebensnotwendige Spurenelemente sowie Calcium, Magnesium, Eisen, Mangan, Kalium und Schwefel, die in ihrer pflanzlichen Qualität vom menschlichen Körper leicht aufgenommen werden.

In der Küche ist Petersilie - ob klein geschnitten oder im ganzen Blatt, auch mit Stil - ein unverzichtbares Würzkraut. In Suppen, Soßen und geschmortem Gemüse kann sie reichlich eingebracht werden. Wenn der Geschmack einmal auf Petersilie ausgerichtet ist, dann entsteht sogar Verlangen nach Petersilie pur. Ein Zweiglein zerkaut kann Laune machen. Zur vollen Entfaltung kommt sie auch als Pesto. Christa mixt sie sämig mit Pinienkernen, Knoblauch, Olivenöl und Zitronensaft und schmeckt dies ab mit Salz und Pfeffer. Wir essen das Pesto mit Spagetti und geriebenem Parmesan. Sogar unsere Enkel, die sonst vor der Farbe Grün im Essen zurückschrecken, haben kürzlich davon genossen und es für essbar befunden.

Für die Winterszeit ernte ich die Petersilie in großen Mengen. Das sollte geschehen, solange sie sich in Saft und Kraft befindet. Sie wird entweder klein geschnitten, was Zeit in Anspruch nimmt, oder gehäckselt. Das Ergebnis friere ich in schließbaren Boxen ein. Wenn vom Feld nichts mehr zu ernten ist, holen wir uns täglich eine Portion aus dem Eisfach.

Die Petersilie nimmt einen wichtigen Stellenwert in unserer Kost ein. Wie aber komme ich zu der Bezeichnung »Geliebte«? Er wurde mir gewissermaßen eingeflüstert. Das Wetter war wie üblich im Herbst wolkig, nass und kühl. Mit den Gummischuhen stapfte ich durch matschiges Gelände, um für die anstehende Mahlzeit Petersilie zu pflücken. Sie stand von der garstigen Jahreszeit unbeeindruckt in saftigem Grün. Ich konnte mir in der langen Petersilien-Reihe die Zweiglein heraussuchen. Dankbarkeit überkam mich. Ich dachte an medizinische Kraft, die ich frisch vom Feld holen durfte, und das, wo sonst die Pflanzenwelt angesichts der fast winterlichen Bedingungen ziemlich resigniert hat. Auf dem Weg durch die Beete und zurück zum Haus war es mir, als spräche die Petersilie zu mir von Liebe. Es wurde mir ganz warm ums Herz. Da war mit einem Mal der Gedanke: Auf ihre Art ist sie eine Freundin, eine Geliebte sogar, die sich von misslichen Verhältnissen nicht beirren lässt und zu mir hält. Hiervon beeindruckt versuchte ich mir vorzustellen, was das für eine Frau wäre, wenn sich die Petersilie verwandeln könnte. Oder anders betrachtet, wie sieht sie in ihrer weiblichen Natur aus? Die Antwort kam schnell: Ich bin so, wie ich bin. Du siehst mich so, wie du es willst. Es klang irgendwie geheimnisvoll, eben wie eine Geliebte dies und jenes zuflüstert.

14. Xavier, Herwart und die Folgen

Unsere herbstlichen Sturmerlebnisse habe ich schon angedeutet. Aber die Folgen hatten durchaus einen eigenwilligen Charakter. Zudem ist mir das Stürmische nicht fremd. Das Thema hat seinen Reiz.

Bisweilen mausert sich ein Sturm zum Orkan. Als wir 1989 die Hofstelle besiedelten, erlebten wir bald die ersten Sturmnächte. Eine davon bescherte uns Stromausfall. Erschrocken kamen die Kinder zu uns ins Schlafzimmer. Ihr Nachtlicht war ausgefallen. Draußen tobte der Orkan ums Haus herum. Wir versuchten die Kinder zu beruhigen. Mit Kerzen in der Hand betätigten wir die Lichtschalter im Haus. Nichts ging mehr. Wie wir weiterhin die Nacht verbracht hatten, ist mir nicht in Erinnerung. Am Morgen jedenfalls präsentierte die Inspektion des Hauses und der Scheune, dass es dem Sturm gelungen war, mehrere Löcher in das Dach zu reißen. Vom alten Hausteil, dessen Reet zum Glück heil geblieben war, hatten sich etliche Firstziegel gelöst. Das Dach des neueren Anbaus wies größere Löcher auf. Nun verstand ich, wofür wir pflichtgemäß eine Feuer- und Sturmversicherung abgeschlossen hatten.

Seither habe ich Respekt vor den Sturmgewalten. Aus der Kindheit und Jugend erinnere ich keine Stürme, die es sicherlich trotzdem gegeben hat. Lediglich meine Person selbst soll angeblich bisweilen stürmisch gewesen sein. Meine Großmutter nannte mich »Bruder Sturmius«, weil ich nicht nur flink und rasant, sondern auch ungestüm gewesen sein soll. In der Tat, Geduld war nicht meine Stärke. Den »Sturmius« habe ich so hingenommen, wie eben Kinder sich Zuschreibungen zu eigen machen. Meine Oma meinte die Bezeichnung eher liebevoll, und »Bruder« klingt ja danach. Ich habe im Internet recherchiert, ob es einen Vorläufer gab, auf den sie sich bezog. Ja, ein Bruder Sturmius lebte im achten Jahrhundert und war Missionar, Gründer und erster Abt des Klosters Fulda. Damals war es nicht einfach, den germanischen Völkern das Christentum beizubringen. Bonifatius, der sich machtvoll und vielleicht auch redlich darum bemüht hatte, wurde bei uns im Norden von störrischen Friesen einen Kopf kürzer gemacht.

Sein Grab befindet sich übrigens im Dom von Fulda. Gibt es da eine charakterliche Ähnlichkeit zum damaligen Sturmius? Jedenfalls konnte ich als Junge leidlich Fußball spielen und Tore schießen. Das nennt man fachlich einen »Stürmer«. Und mal richtig losschreien konnte ich auch. Zwar hat sich mein Temperament beruhigt, doch noch immer suche ich nach Gelassenheit, wenn ich mit der Trägheit bei politischen Entscheidungen, insbesondere in ökologischer Hinsicht, konfrontiert bin.

Als Jugendlicher hatte ich das Vergnügen, in einem Skikurs zu erlernen, wie man auf eigens präparierten Brettern einen schnee- und eisbedeckten Berg hinunterrutschen kann. So geschah es, dass ich mal in einen Schneesturm geriet. Zusammen mit einem anderen Teilnehmer, der ähnlich unbeholfen, aber noch ängstlicher als ich diese Kunst kaum beherrschte, fuhr ich am Ende des zwanzigköpfigen Zuges, der dem flotten Skilehrer hinterher eilte. Nebel und millionenfacher Schneefall verdeckte bald die Sicht. Wir beide irrten wie benommen und dann panikartig auf dem Skihang herum. Damals gab es noch keine Räumungsmaschinen, die die Hänge parkettartig zubereiteten. Im Hang waren ausgefahrene Schneelöcher in der Größe eines Hauses. Das Gefälle war steil, so steil! Was soll ich sagen? Man machte sich Sorgen darum, wo wir verblieben waren. Der Sturm hatte wohl alle Kursteilnehmer in Panik versetzt. Der Skilehrer hatte aber genug Vertrauen in seine abhanden gekommenen Schüler, und irgendwie fanden wir ins Tal. Vielleicht hatte uns Bruder Sturmius, der Frühere, den Weg gewiesen.

Der Sturm namens »Xavier« suchte unsere Gegend und damit unseren Hof am 5. Oktober 2017 heim. Er fällte zwei Bäume, eine kränkliche Birke, die ich im Jahr zuvor hätte erlösen sollen, und eine Weide, genauer den größten Teil einer mehrstämmigen Weide. Sie fiel breit und schwer auf die südliche Wiese. Dort liegt sie immer noch, während ich dies schreibe. Sie zu zerkleinern und das Holz zu bergen hat Zeit bis zum Frühjahr. Ich bin nämlich malade. Meine restliche stürmische Natur hat den linken Ischiasnerv eingeklemmt. Seit vier Wochen suche ich verzweifelt Körperstellungen, in denen der giftige Schmerz im Zaum gehalten werden könnte. In der Tat hatte ich nach dem zweiten Sturm voller Tatendrang die Motorsäge ergriffen und nicht lange gefackelt. »Herwart«, wie er offiziell genannt wurde, fegte am 29. Oktober über das Land. Mit Orkanböen bahnte er sich eine Schneise durch das westliche Wäldchen unseres Anwesens und haute dabei vier Bäume um. Einer davon, ein alter Apfelbaum, war auf das Haus gefallen. Er hatte wenig Schaden angerichtet und nur Fenstersprossen abgerissen. Das Fenster selbst war heil geblieben. Zwei Hauptäste hatten sich die Mauer entlang gekratzt, als sie fielen. Die Spuren dieses Spektakels ließen sich genau verfolgen. Als das Unglück geschah, schliefen wir. Ich erinnere mich lediglich, dass ich im Sturmgeheul einen gewissen Krach registriert hatte und kurz wach war.

Unser jüngerer Sohn Arne, dessen Zimmer auf dieser Hausseite lag, hatte mich mehrmals ermahnt, den besagten Baum zu fällen, da seine Äste bedrohlich nahe zum Fenster ragten. Uns war ja die Bruchanfälligkeit des Baums bekannt. Sein Stamm war hohl, das konnten wir durch breite Spalten sehen. Aber Christa sammelte immer noch die Äpfel auf und bat um Gnade für den altgedienten Baum. Dennoch, in diesem Winter war er fällig, das hatte ich mir fest vorgenommen. Nun hat das Herwart erledigt.

Also schritt ich zur Tat, nicht unerfahren, was das Fällen und Sägen von Bäumen anbelangt. Seit 29 Jahren sorge ich für Brennholz, das wir zum Brand in unseren Öfen brauchen. Der Baum lag kniffelig. Viel Spannung in den Ästen, die sich gegen die Hausmauer stemmten. Ein falscher Sägeansatz, und die Säge bleibt stecken oder der Ast bohrt sich in meinen Bauch. Da muss man sich in den Baum einfühlen und die jeweilige Spannung selbst spüren.

Das Werk gelang, Baumstamm und Äste lagen handlich gesägt vor dem Haus. Die nächste Arbeit galt einer mächtigen Birke, die unweit des Hauses gestanden hatte. Sie war etwa einen Meter über dem Boden abgebrochen und lag auf zwei benachbarte Bäume gelehnt. Als ich sie nach und nach von unten her zersägte und immer wieder den verbliebenen Stammteil herunterzog, konnte ich hören, wie die beiden Bäume, eine Fichte und ein Vogelbeerbaum, erleichtert aufatmeten, da ihnen die Last genommen wurde. Sie richteten sich wieder einigermaßen gerade auf.

Nachdem ich auch die Birke transportfähig zersägt hatte, machte ich mit einem unweit davon gestürzten Vogelbeerbaum kurzen Prozess und schleifte seinen Stamm auf die benachbarte Obstwiese. Nun hätte ich mich erst mal entspannen dürfen. Ja, ich hätte mich ausruhen müssen. Aber nein, ein Sturmius gibt nicht nach oder auf. Im vorderen Teil des Wäldchens hatte es eine ältere, mächtige Fichte erwischt. Auch sie war etwa ein Meter hoch abgebrochen, nicht entwurzelt. Daran kann man die Wucht des Orkans erkennen, der dieses starke Geschöpf geknickt hatte. Bei näherer Betrachtung zeigte sich, dass der Baum innen bereits hohl war. Von außen hatte er völlig gesund ausgesehen, was sich während der Sägearbeiten auch bestätigte. Das Holz war nicht zu beanstanden. Ich stellte mich erfolgreich der Aufgabe und konnte die Bruchstelle kunstgerecht ansägen, so dass der Stamm endlich ganz zu Boden fiel. Nach dem ersten Entasten und Zerkleinern am unteren Stamm gab ich der körperlichen Anspannung endlich nach.

Die Nachricht vom Sturm und Untergang dieser Bäume war bald bei unseren Kindern angelangt. Arne bot spontan an, bei den anfallenden Arbeiten zu helfen. Auch deshalb hatte ich mich ins Zeug gelegt, damit wir zusammen möglichst viel Holz wegräumen und unter Dach und Fach bringen konnten. Nun gestand ich mir eine Pause zu, notgedrungen, die Aktion hatte mich ganz schön angestrengt.

Zwei Tage später begann der Ischiasnerv das, was er schlimmstenfalls tut: zu nerven. Es lohnt sich nicht, darüber zu klagen. Dann wird es nicht besser. Lieber erzähle ich von dem familiären Joint Venture. Wie in früheren Zeiten rückten unsere Söhne an und mit ihnen tüchtige Frauen, die mithalfen. Und nicht zu vergessen, auch die Enkelkinder machten sich motiviert ans Werk. Es traf sich gut, dass Christa Geburtstag hatte. Sie beneidet mich zwar, weil ich ein Sommerkind bin. Aber angesichts dieser Gemeinschaftsaktion kann ein Novemberkind auch mal mit seinem

Geburtsdatum zufrieden sein. Arne und seine Freundin Steffi hatten zwei Wochen zuvor schon das Holz des Apfelbaums und der Birke zum Holzplatz geschafft und klein gemacht. Ich hatte mit Hacken und Stapeln begonnen, bis ich wegen der Schmerzen aufhörte. Christa stapelte weiter, während Arne hackte und Steffi an der Spaltmaschine werkelte.

Am Tag vor Christas Geburtstag wurde die Fichte in gemeinsamer Aktion zersägt und abgeräumt. Alle Enkelkinder waren mittenmang dabei, denn auch unsere Tochter Marieke mit ihren Kindern war eingetroffen. Sie halfen mit, das Holz zu sammeln und zum Hänger zu tragen. Dann saßen sie rustikal auf dem Trecker, als das Holz abgefahren wurde. Beim Hacken und Stapeln war unsere Schwiegertochter Lisa mit aktiv, ihr dreimonatiges Baby vor die Brust gebunden betätigte sie den Holzspalter. Das erzähle ich dankbar und stolz auf meine Familie. Leider lag ich meistens von Schmerzen geplagt auf dem Sofa. Ich hätte gerne kraftvoll mitgemacht. Die Gelegenheiten, eine werkende Gemeinschaft zu erleben, sind heutzutage selten geworden.

15. Die gute Erde

Als Kind konnte ich viel in Erde und Sand spielen. Mit meinen Brüdern baute ich Straßen, Täler und Berge, um unseren Spielautos das nötige Revier zu erschaffen. Ja, wir wühlten begeistert in der Erde. Im Jungenalter gruben wir regelrechte »Häuschen« in die Erde, und so nannten wir diese Behausungen auch: »unterirdische Häuschen«. Wir bedeckten sie mit Holzplanken, Teerpappe und oben drauf wieder mit Erde. Unkundige hätten diese Gruben nicht erkannt. Nach ähnlichem Prinzip bauten wir Fallen für Mensch und Tier. Am liebsten aber grub ich gewissermaßen maßstabsgerecht Boote in die Erde. In der Phantasie sollte die Erdschicht neben und bis zum Rand des Bootes das Meer oder ein Fluss sein. Ich selbst war der Kapitän. Mein Vorbild waren die Flussschiffe auf dem Main, die ich bewunderte. Ihre Besatzung erschien mir unabhängig und frei, sie hatte alles, was man zum Leben braucht. Riesig wirkende Ladeflächen könnten alles Mögliche transportieren. Über dem Wohntrakt regierte der Kapitän in seinem Führerhaus. Dahinter war eine Fläche zum Wäschetrocknen. Blühende Blumen in Töpfen und Fahrräder, ja sogar Autos gab es auf diesen Schiffen. Später erinnerten mich die Hausboote in Amsterdam an die verspielte Sehnsucht meiner Kindheit.

Für Erde interessiert sich ein Mensch gewöhnlich nur, wenn er etwas von ihr will. Zumindest gilt das für Erwachsene. Kinder jedoch erleben Erde als Material zum Gestalten, zum Erschaffen einer Wirklichkeit, die in und sogar mit ihnen lebt. Das passiert im kreativen Spiel ganz von selbst. Die Erde, soweit sie dafür physikalisch zugänglich ist, macht scheinbar gutmütig mit. Sand, Lehm, Humus, Steine und selbst die sichtbaren wie unsichtbaren (mikroskopisch kleinen) Lebewesen der Erde werden zu Spielpartnern. Wie anziehend auf die kreative Lust der Menschen die Erde, insbesondere der Sand wirkt, lässt sich überzeugend an den Stränden der Nordseeinseln beobachten. Da entdecken Erwachsene wieder ihre Kinderseele, gewinnen ihre Vorstellungsfähigkeit zurück. Das schier endlose Sandangebot inspiriert sie, flüstert ihnen ein, was sie bauen und gestalten wollen. Und die Kinder selbst werden eins mit ihren Händen und vergessen die sonstige Welt, die für Stunden nichts ist als Sand- und Meeresstrand.

In meiner Kindheit begann eine Erdenbindung, die im Lebenslauf unter anderen Vorzeichen erneuert werden sollte. Nach der obligatorischen Bildungsphase und längst im Beruf stehend drängte es mich zum Pflanzen und Säen in einem Garten. Damals waren Christa und ich von München weg aufs Land gezogen. Wir wohnten zur Miete in einer Doppelhaushälfte. Das Haus stand am Waldrand. Zum Wörthsee fuhren wir mit dem Fahrrad in fünf Minuten. Für uns war ein Traum wahr geworden. Im April 1980 kam unser erstes Kind, Björn, zur Welt. Mit etwas Überredungskunst holte ich mir vom Vermieter die Erlaubnis, hinter dem Haus eine kleine Grasfläche umzugraben. (Das fiel ihm nicht leicht, er war auf seinen Rasen ziemlich stolz.) Hervor kam tiefschwarze Erde, die mich auf Fruchtbarkeit hoffen ließ. Das war ja wirklich Humus, was ich da mit dem Rechen zu einem Beet formte. Aber es tat sich sehr wenig. Die Möhren kamen über ein Ministadium nicht hinaus und waren auch noch zerfressen. Ähnlich verhielt es sich mit dem Salat. Von der Petersilie war fast nichts zu sehen. Enttäuschung machte sich breit. Weigerten sich die Pflanzen, bei mir heimisch zu werden, oder lehnte die Erde meine Gartenkunst schon im Ansatz ab?

Ein Nachbar bekam den Frust mit und bot mir einen Schubkarren voll Komposterde an. Er hatte sich Kompost von einem Gärtner kommen lassen. Etwas zögerlich nahm ich sein Angebot an. Ich glaubte nicht mehr

an gärtnerischen Erfolg. Allerdings verfügte ich noch nicht über Erfahrungen mit Kompost. Ich verteilte den Kompost auf dem Beet und säte nochmals Salat, Petersilie und dazu Radieschen. Siehe da, die Saat lief auf und die Pflänzchen gediehen. So konnten wir in jenem Sommer doch noch Gartenfrüchte ernten.

Der nächste Versuch, Gemüse zu ziehen, kam fünf Jahre später zustande. Inzwischen hatte Björn eine Schwester bekommen, Marieke. Berufsbedingt waren wir in den hinteren Taunus umgezogen. Wir bewohnten ein eigenes Haus mit Garten. Beruflich hatte ich viel zu tun. Um den Garten kümmerte ich mich gerne, es war ein Schritt zurück zur Natur. Christa schlug vor, ein Hügelbeet zu bauen. Das Hügelbeet entstand auf einer Fläche von etwa 1,5 mal 3 Metern. Wir schichteten vom unteren Kern aus Schnitt- und Pflanzenreste sowie Grassoden auf. Den Kern bildeten geschnittene Strauchzweige, darauf wurden Grassoden gelegt. Es folgte eine Schicht grober Kompost, darauf eine Schicht Blätter von den Bäumen, eine Erdschicht aus dem Garten und nochmals Grassoden. Wie vorhersagbar entstand durch die Zersetzung der Bestandteile viel Wärme im Hügel. Kaum war der Winter vorbei, fanden wir beste Pflanzerde unter der oberen Schicht vor. Die eingebrachten Pflänzchen gediehen prächtig. Diese Erfahrung war sehr ermutigend. Leider kam ich erst einige Jahre später dazu, konsequent in die Gemüsewirtschaft einzusteigen. Wie das zustande kam, habe ich in dem Buch »Ein gutes Leben im Moor« beschrieben.

Rückblickend kann ich mit voller Überzeugung sagen, die beste Aussicht auf reiche Ernte gesunder Gartenfrüchte haben Menschen, die ihren Acker, ihre Beete mit Kompost »füttern«. Ja, füttern ist das richtige Wort, denn die Erde ist ein lebendiger Organismus, der für seine Gesundheit und sein Gleichgewicht die passende Nahrung braucht. Wie jedes organische Leben kann die Erde verarmen, verhungern, verdursten, erkranken und sogar sterben. Letzteres passiert, wenn die Erde ihre Bindung auf ihrem Grund verliert, keinen Halt mehr hat und erodiert.

Ein ganz anderes Sterben ist Grundlage guter Erde. Es passiert eigentlich dauernd, ein fließendes Werden und Vergehen im Erdreich, wenn es gesund ist. Einen großen Anteil an der Gartenerde haben die Bodenlebewesen, deren Vielfalt die Grundlage für vollwertige Pflanzen bildet. Die Mikroorganismen unter ihnen leben und sterben fortwährend und bieten so ständig Nahrung füreinander. Zugleich setzen sie Stoffe frei, die dem Erdreich Fruchtbarkeit verleihen. Eine Kette an Aufbauhelfern von Pilzkulturen bis hin zu Würmern ernährt sich von der lebendigen Erde und produziert sie zugleich. Damit dies geschehen kann, braucht sie immer wieder organische Nahrung und Flüssigkeit.

Ohne Umschweife kann ich sagen: Wenn wir uns an natürliche Gegebenheiten halten, können wir nichts verkehrt machen. Vor allem die Verrottung von pflanzlichen Stoffen bildet die Hauptgrundlage gesunder Erde. So erhalten wir Humus. Die Natur selbst produziert laufend fruchtbare Erde. Das können wir z.B. an Bäumen und Sträuchern beobachten, die ihr Blattwerk abwerfen. Dieses verrottet unter Mithilfe von Feuchtigkeit und dem organischen Leben am Boden und verwandelt sich in neuen Humus. Ein besseres Modell können wir kaum bekommen, wenn wir wissen wollen, wie gesunde Nahrung für unsere Beete und Äcker entsteht. Die natürlichen Gegebenheiten und Zyklen zeigen uns, wie sich das Erdreich immer wieder erneuert.

Diese Einsichten habe ich im Nachhinein gewonnen. Seit der ersten Begegnung mit der Wirkung von Kompost war mir bewusst, dass Erde nicht gleich Erde ist, auch wenn es so scheinen mag. Zunächst wollte ich mich an Traditionen halten. Unter Anleitung eines freundlichen Nachbarn machte ich erste Erfahrungen mit Stallmist, der in die vom Pflug aufgerissene Erde eingebracht und mit ihr zusammen gefräst wurde. Stallmist unterzugraben ist die herkömmliche Methode, um ein Beet, einen Acker fruchtbar zu machen. Was ich damals nicht wusste, betraf die Wirkung des Untergrabens von Mist. Zum einen regt relativ frischer Stallmist eher Fäulnis im Boden als Verrottung an. Zum anderen bringt das Untergraben die lebendige Bodenorganisation völlig durcheinander, sodass das Bodenleben längere Zeit braucht, um wieder in die richtige Ordnung und Dynamik zurückzufinden. Die Bodenschichten unterscheiden sich erheblich. Je tiefer man gräbt, desto mehr trifft man auf mineralisierte Erde. Wenn man Stallmist aufbringt, sollte er nur oberflächlich eingearbeitet, auf jeden Fall nicht tief untergegraben werden. Nur so steht das für Wurzelwachstum nährreiche Bodenleben weiter zur Verfügung. Und es bleibt genug Sauerstoff für die Verrottung des Mists.

Einige Jahre lang ging ich nach der konventionellen Methode vor. Die Pflanzen wuchsen meist zufriedenstellend. Wie ich nachträglich begriff, hatte ich ein Zaubermittel angewandt: Mulchen. Ich bedeckte mehrere Ackeranteile mit Grasschnitt oder Heu. Die Mulchdecke half der Erde, sich mit Bodenleben anzureichern. Insofern hatte ich intuitiv das Fäulnisrisiko etwas eingedämmt. Mulchen ist eigentlich Kompostierung, allerdings auf der gesamten Beet- oder Ackerfläche. Wenn genügend Feuchtigkeit gegeben ist, findet sich die notwendige biotische Belebung und Bearbeitung auf natürliche Weise ein. Die direkte Tuchfühlung des Mulches mit der Erde schafft das Klima, in dem die Bodenorganismen eingeladen werden, ihre Art Leben zu führen. Sie nehmen vom pflanzlichen Material, was sie brauchen. Für den Gärtner am sichtbarsten ist dies, wenn er die Mulchdecke anhebt und auf Würmer trifft oder sogar auf Nester mit Wurmeiern bzw. schon vielen kleinen Würmchen. Für mich ist das immer ein ermutigender Anblick. Dadurch weiß ich: An dieser Stelle geschieht das Wertvollste, was sich der Garten und seine Menschen wünschen können.

16. Loblied auf die Würmer

Als Kinder wussten wir noch nichts von dem natürlichen Wert der Würmer. Wenn wir in der Erde gruben oder mit Erde spielten, trafen wir auf sie, ohne uns viele Gedanken zu machen. Aus irgendwelchen Gründen glaubten wir, es mache ihnen nichts aus, geteilt oder verletzt zu werden. Die Teile würden unabhängig voneinander weiterleben und wieder wachsen. Wie es sich wirklich verhält, wusste ich lange nicht. Sie verfügen über einen ganzheitlichen Organismus mit allen wesentlichen Organen, die ein Lebewesen braucht, das sich gut genug bewegen und seine Nahrung aufnehmen kann. Sie haben ein ausgeklügeltes Verdauungssystem und scheiden das aus, was jeden Gärtner hoch erfreut: besten Humus.

Manche Menschen meiden Gärten oder natürliche Orte wegen der Würmer, denen sie dort womöglich begegnen könnten. Dies kann sogar mit einer Art Erkrankung zusammenhängen, genannt »Anthelmophobie«, also Wurmphobie. Sie ist sogar in den diagnostischen Richtlinien verzeichnet (ICD-10: F40.2), definiert als Angst vor Würmern, die in Panik ausarten kann. Meist wird die Begegnung mit den ungeliebten Tieren als eklig erlebt. Dahinter steckt die Angst, sie zu berühren oder von ihnen berührt zu werden. Für Gärtner und Naturmenschen ist das schwer nachzuvollziehen. Irgendwie muss diese Angst mit einem uralten Vorbehalt in Verbindung stehen, ähnlich der Ablehnung von Schlangen. Das »Gewürm« hat ja auch in manchen alten Texten keinen guten Leumund und wird als primitive, triebhafte Existenz angesehen und bisweilen ablehnend auf Menschen übertragen. Womöglich ist damit die »niedrige« Triebnatur gemeint, über die wir uns zivilisiert erheben. Ich kenne keine Untersuchung, die die Wurmphobie epidemiologisch über die Jahre unter die Lupe nimmt. Ich vermute, dass die Distanz der Menschen zur Natur die Angst vor Würmern verstärkt. Wir sind uns kaum bewusst, wie wertvoll die Würmer für uns und die Balance im Erdreich sind.

Von der Wurmphobie habe ich erstmals durch Christa Kenntnis bekommen. Sie erzählte gerne die Geschichte, wie sie und ihr Bruder ihre Mutter erschreckten. Sie fanden im Garten einen Wurm oder gruben ihn aus. Mit kindlich sadistischer Freude trugen sie ihn zur Mutter und sagten zuckersüß: »Mutti, schau mal, was wir hier haben.« Damit öffneten sie die Hand und ihre Mutter bekam den Schreck ihres Lebens, was die Kinder belustigte. Ich kenne Christas Mutter, Gott hab sie selig, als fleißige Gärtnerin, die ihre Blumen und Stauden engagiert pflegte. Dafür jätete sie zäh das Unkraut auf den Beeten, damit sie wie geleckt aussahen und den Freundinnen stolz präsentiert werden konnten. Wie meine Schwiegermutter die unausweichliche Begegnung mit den Würmern bewältigte, ist mir schleierhaft. Vielleicht übertrieb sie ihre Reaktion auf die vorgezeigten Würmer, um ihren Kindern einen Gefallen zu tun. Was ich allerdings nicht glaube, aber das wäre eine andere Geschichte.

Charles Darwin war der Begründer der modernen Wurm-Wissenschaft. Im Alter galt sein Interesse der Erforschung der Würmer. Der damals schon berühmte Evolutionstheoretiker beobachtete akribisch die Würmer in seinem Garten. Morgens bis abends machte er seine Experimente. Er zeichnete auf und berechnete, wie die Regenwürmer organisches Material (wie z.B. Blätter) in die Erde zogen. Für ihn waren es intelligente Wesen, die mehrheitlich »wissen«, was sie tun und wie sie vorzugehen haben, um das Material effektiv zu transportieren. In ihrer Würdigung der Darwin'schen Leistung schreibt Amy Stewart, er behauptete etwas, das damals noch revolutionär war und von vielen Seiten als Erkenntnis abgelehnt wurde: Der Regenwurm wandle den Erdboden um. So spiele er eine wesentliche Rolle in der Natur. In ihrem Buch »Der Regenwurm ist immer der

Gärtner« zitiert Stewart den Meister selbst mit folgendem Satz über die Würmer: »Ihre Hauptarbeit besteht darin, wie ein Sieb die feineren von den gröberen Partikeln zu trennen, das Ganze mit pflanzlichem Abfall zu vermischen und mit ihren Darmsekreten anzureichern.« Damit hatte Darwin schon fast alle notwendigen Erkenntnisse dargelegt, die wir brauchen, um das Leben der Würmer zu würdigen.

Erhard Hennig, aus dessen Buch »Geheimnisse der fruchtbaren Böden« ich viel Wichtiges erfahren habe, behauptet, der Wurm sei »der beste Helfer im Garten- und Landbau, er arbeitet unablässig und gratis.« Er genieße, so meint Hennig, auch große Wertschätzung bei Selbstversorgungsgärtnern.

Dem stimme ich vorbehaltlos zu. Während eines Familienfestes auf unserer Hofstelle erklärte mein Neffe Georg begeistert, er hätte auf den

Beeten riesige Löwenzahnpflanzen gesehen. Er wunderte sich, wie sie zu solcher Größe heranwachsen konnten. Das sei leicht zu erklären, sagte ich und lud ihn zu einem Gang durch die Beete ein. Wir kamen zum Komposthaufen. »Hier«, sagte ich, »hier ist das Geheimnis.« Ich hob die Strohdecke an und schon wenige Zentimeter unter der Oberfläche des verrottenden Haufens fanden wir Mengen von sich windenden Würmchen. »Und die sollen so viel Fruchtbarkeit bewirken?«, wunderte sich Georg. »Ja, die findest du hier überall«, sagte ich und führte ihn zu einem gemulchten Beet. Unter der Bodendeckung fanden wir schnell ein paar Regenwürmer.

Wurm ist nicht gleich Wurm. Laut Erhard Hennig unterscheiden Zoologen Wurmarten, die im Meer leben, von den Regenwürmern. Diese leben nur auf dem Land. Angeblich sind 46 Arten wissenschaftlich bekannt. Da kann ich nur sagen: Hut ab vor so viel Präzision und Beobachtungswillen. Ich selbst kenne nur zwei Arten, die Wiesen- und Ackerwürmer (Allolobophora) und die Mistwürmer (Eisenia foetida), die auch Kompost- oder Stinkwürmer genannt werden. Letztere wollen nicht entdeckt werden. Sie fliehen sofort, wenn man sie stört. Regenwürmer sind lichtscheu, sie rennen gewissermaßen um ihr Leben, falls sie ans Tageslicht geraten. Sonst sterben sie den »Lichttod«. Sie lieben Feuchtigkeit. Eigentlich kommen sie nur bei Nacht an die Erdoberfläche und hinterlassen dort ihre Exkremente, für uns reinen Humus. Nur notgedrungen kriechen sie bei Tageslicht aus der Erde, wenn ihre Gänge voll Wasser laufen. Dann suchen sie den nächsten Unterschlupf. Wenigen Menschen sind spezielle Würmer bekannt, die ganz selten an die Oberfläche kommen. Sie leben in der Umgebung tiefer Wurzeln, wo sie sich von deren Verrottung ernähren, inklusive den Bakterien und Pilzen, die ebenso von der Verrottung leben, aber auch mit ihr sterben. Manchmal stößt man auf diese Würmer, wenn eine Pflanze tief ausgegraben wird. Sie können ziemlich in die Tiefe vordringen, durchaus zwei bis drei Meter. Im Gegensatz zu den beiden anderen rot bis orangefarbenen Arten sind sie überwiegend grau, mitunter leicht rosa.

Nicht jedermanns Sache ist die Vorstellung, dass Würmer um einiges größer werden können, als wir es gewöhnt sind. Hierzulande erreichen sie maximal eine Länge von dreißig Zentimetern. In tropischen Gebieten können sie siebzig Zentimeter und mehr erreichen. Es soll sogar Würmer von bis zu zwei Metern geben, die daumendicke Körper haben. Sie sind so selten, dass Wissenschaftler sie kaum zu Gesicht bekommen.

Ich gestehe, ein großer Fan von Würmern zu sein. Bevor wir unseren Hof kennenlernten und erwarben, hatte ich einen irritierenden Traum: Bei der Untersuchung von Erdreich traf ich an und unter einer Mauer auf ein Nest, wo sich massenweise Würmer tummelten. Das machte mich stutzig. Ich wusste nichts mit dem Traum anzufangen. Vermutungen, wie z.B., nun gehe es mir an den Kragen und bald würden sich Würmer von meinen Überresten ernähren, waren unappetitlich. Erst als ich tatsächlich beim Gärtnern auf solche Nester stieß, konnte ich vermuten, jener Traum stammte aus einer verborgenen Region des Bewusstseins, in der mein baldiges bäuerliches Dasein bereits bekannt war. Im Gegensatz zu Wurmphobikern nehme ich Würmer liebend gerne in die Hand. Meistens grüße ich sie erfreut. Wenn sie bei Regenwetter auf den Weg geraten, wo man aus Versehen auf sie treten würde, möchte ich sie aufheben und in Sicherheit bringen. Werde ich ihrer bei Regenwetter zwischen den Beeten ansichtig, bringe ich sie zum Komposthaufen. Dort sind sie sehr willkommen.

Mulch auf den Beeten zieht Würmer an. Sie ernähren sich von organischen Stoffen, nicht von lebenden Pflanzen. Dabei konsumieren sie am liebsten verrottende Pflanzenreste, so auch Mulch, den sie mit der Erde aufnehmen. Notwendig ist es, dass auch Mikroorganismen (vor allem

Bakterien, Algen und Pilzen) mit am Werk sind. Das ist eine Gemeinschaftsarbeit. Die Würmer hinterlassen mit ihrem Kot beste Erde, die gegenüber dem vorhandenen Boden ein Vielfaches an Nährstoffen bereithält. Innerhalb eines ganzen Tages (inklusive der Nacht) vertilgen sie eine Nahrungsmenge, die ihrem Körpergewicht entspricht.

Wo biologisch gute Bodenverhältnisse vorherrschen und auf dem Land genügend organisches Material (wie Blätter, Grasschnitt) liegt, haben Würmer reichlich zu tun. Auch ein mit Pflanzen bebauter Acker kann Würmern Nahrung bieten, solange dort viele Pflanzenreste nach der Ernte verbleiben können. Die Würmer durchgraben das Erdreich und düngen es mit ihren Ausscheidungen. Sie wühlen auch in tieferen Schichten. So schaffen sie Platz zwischen verklumpter Erde und Steinen. Beim Graben bewegen und mischen sie den Boden. Von der Oberfläche ziehen sie pflanzliches Material in die Tiefe. Auf dem Weg zurück transportieren sie Verdautes nach oben. So bilden sich Gänge, deren Wände durch die Absonderung von Schleim fester werden. Wurzeln nutzen die Gänge auf der Suche nach Nahrung und wachsen leichter ins Erdreich hinein. Genauso hilfreich sind die Gänge für das Ablaufen des Regenwassers. Es bietet tunnelartig, wie eine Drainage, Ablaufmöglichkeiten in tiefere Schichten. Auf diese Weise kann der Acker ein Vielfaches an Wasser aufnehmen im Vergleich zu Feldern, denen die Würmer abhanden gekommen sind.

In ihrem Buch »Die Geheimnisse der guten Erde« fassen Peter Tompkins und Christopher Bird die Vielseitigkeit der Würmer in einem Satz zusammen: Sie mulchen, graben, wühlen, düngen und stellen Humus her. Der Einfluss der Würmer auf den Boden sei »immens«, behaupten sie. Aber dies sei abhängig von organischen Stoffen, die dem Boden zur Verfügung stehen. Dafür sei (auf kultivierten Böden) der Mensch zuständig. Demnach müssen wir die Erde gewissermaßen immer füttern, um die Würmer zu ernähren. Sie sollen genug zum Knabbern haben, sonst wandern sie aus – ein guter Grund übrigens, die Herbstblätter nicht alle wegzuräumen. Ein weiterer Hinweis dürfte eigentlich überflüssig sein, ist aber angesichts der zivilisatorischen Erblindung unvermeidbar: Pestizide und Düngerchemie schaden den Würmern. Es soll ja immer noch Leute geben, die das leugnen. Weniger bekannt dürfte die Not der Würmer angesichts von Gülle und Jauche sein. Diese vertragen sie nicht und wollen fliehen. Am Tageslicht aber sterben sie.

Noch einmal möchte ich Mulchen und Flächenkompostierung wärmstens empfehlen. Unter deren schützenden Decken vermehren sich die Würmer am schnellsten.

17. Gare – was ist das?

Ob ich praktisch begabt bin? Das kann ich nicht beantworten. Jedenfalls tüftele ich nicht lange herum, mache auch wenige Pläne. Mal anfangen und schauen, welche Probleme entstehen: Das dürfte am ehesten meine Methodik beschreiben. Man muss die Gunst der Stunde nutzen: Jetzt, genau jetzt fängst du das an! Das hat Nachteile, wie jeder vernünftige Mensch weiß. Die Erde freilich hat beide Sorten Mensch gern: diejenigen, die den Garten abstecken und sagen, hier werden jetzt Gemüse- und dort Blumenbeete angelegt (oder beide zusammen), und die anderen, die zehn Gartenbücher vorher studieren, nachdem sie schon ein Jahr lang eine monatliche Fachzeitschrift für biologisches Gärtnern sorgfältig gelesen hatten. Die Hauptsache aus Sicht der wartenden Erde ist es, dass es aktive Liebhaber des Gärtnerns gibt und weiter geben wird.

Über das Wort »Gare« bin ich nie gestolpert. Wenn es doch in meiner Fachlektüre vorkam, dann wurde es im Gedächtnis unter der Rubrik »unwichtig« oder »kompliziert« abgelegt. Gute Erde war mein Ziel, denn die Pflanzen danken es. Aber gute Erde hat sehr viel mit der Bodengare zu tun. Das fiel mir erst in letzter Zeit auf. Beide sind in den für Fruchtbarkeit entscheidenden Bodenschichten identisch. Und die nächsten Schichten sind in ihrer Qualität gewissermaßen von oben abhängig. Vielleicht ist das eine Analogie zu unseren gesellschaftlichen und politischen Verhältnissen. Wenn »oben« eine gewisse sittliche und ökologische Reife existiert, dann wirkt das wahrscheinlich nach »unten« durch.

Zwei Bücher hatte ich parallel gelesen: das schon genannte Buch »Geheimnisse der fruchtbaren Böden« und »Die grüne Hölle« von

Marten t'Hart. Letzteres schildert unterhaltsam die gärtnerischen Abenteuer des Autors, eines bekannten holländischen Schriftstellers. Beim Lesen seiner Beschwerden über den Kleiboden seines Gartens habe ich versucht, mit ihm zu fühlen, aber es gelang mir nicht überzeugend. Ich hätte nichts dagegen, wenn sich in meinem Garten ein paar Spuren Klei niedergelassen hätten. Klei enthält wichtige Nährstoffe. In Küstennähe, wo t'Hart lebt, ist Klei ein Sediment des Watts nach erfolgreicher Eindeichung, meist als Marschland bekannt. Der Kleiboden, den t'Hart beschreibt, dürfte ziemlich lehmhaltig sein. Das schließe ich aus seinen Klagen: Im »Katastrophenjahr« 1998, wie t'Hart es bezeichnet, war in seiner Region kaum Frost aufgetreten. Folglich blieb sein kleihaltiger Gartenboden »kompakt«. Der Frost hätte ihn sonst gelockert. Das milde, regnerische Wetter verwandelte den Boden in einen Sumpf. Folglich ließen sich die Beete nicht bearbeiten, als das Frühjahr nahte. Wie t'Hart schildert, benutzte er für die Beetvorbereitung eine Motorfräse. Als eine mehrtägige Hitzeperiode folgte, verfestigte sich schnell die obere Bodenschicht. Sie wurde hart wie Ton. Die Fräse formte daraus »tennisballgroße, steinharte Klumpen«, wie t'Hart schreibt. In der Schicht darunter blieb es aber feucht. Dorthin, so lässt sich vermuten, drang kaum Luft. »Die »glasharte Deckschicht« ließ nur wenige Pflänzchen durch. Folglich verfaulten die mühevoll eingebrachten Frühkartoffeln.

Im Mai, so führt t'Hart weiter aus, setzte erneut trockenes Wetter ein. Der gefräste Boden »bestand aus einer zehn Zentimeter dicken Schicht aus kinderfaustgroßen, steinharten Brocken, mit denen man eine Fensterscheibe einwerfen und die man nur mit einem Vorschlaghammer zertrümmern konnte.« Der Autor bemerkt ironisch, nicht mal Unkraut hätte da wachsen können.

Von Gärtner zu Gärtner leide ich doch ein bisschen mit, gewissermaßen solidarisch. Wenn ich ihn besuchen würde, dann könnte ich nicht anders reagieren, als ihm die Mulchmethode anzupreisen. Die

Kompostierung auf der Beetfläche kann den Boden entscheidend schützen, kann die Feuchtigkeit halten und andererseits Hitze abdämmen. Im Erdboden entwickelt sich reges Leben, das auch solchen Katastrophen zu trotzen vermag, wie t'Hart sie schildert. Und er müsste nicht gewaltsam mit einer Motorfräse dem Boden die Gare entlocken, die für Einsaat und Gedeihen der Pflanzen gebraucht wird. Ein anhaltend gemulchtes Beet hat Gare genug.

Was also ist Gare? Bodengare ist der Idealzustand eines fruchtbaren Bodens. Er gewährt optimale physikalische, chemische und biologische Eigenschaften. Ein garer Boden ist krümelig und voller Humus, gut durchlüftet, ausreichend feucht und leicht durchwurzelbar. Ähnlich dem in Gärung befindlichen Brotteig enthält garer Erdboden viele kleine und mittlere Hohlräume, die sogenannten Bodenporen. Sie helfen der Luftführung und Wasserspeicherung. Wie ein Schwamm kann dieser Boden Niederschläge aufsaugen und Überschüsse tiefer ableiten. Gare findet sich, am ehesten sichtbar, in der krümeligen Erde der oberen Schichten. Im gesunden Humus ist sie auf natürliche Weise immer vorhanden. Wo die Erde verdichtet ist, wie es t'Hart für seinen Garten beschreibt, existiert keine krümelige Struktur. Die Frostgare, auf die t'Hart vergebens wartete und durch die ein kompakter Boden je nach Minusgraden in kleinere Teile zerfällt, ist nicht vor Vernässung geschützt. Durch sie kann der Boden schnell wieder verschlammen, was bei Trockenheit, je nach Bodencharakter, zu den Verhältnissen führen kann, wie sie drastisch von t'Hart beschrieben werden.

Wie ich der Darstellung von Erhard Hennig entnehmen kann, werden verschiedene Garestufen unterschieden: Die *Schattengare* entsteht unter einer dichten Pflanzendecke. Sie verliert rasch an Struktur, wenn das Feld abgeerntet wird und kein ausreichendes organisches Material mehr vorhanden ist, das dem Feld eine Decke verleiht.

Die *Zellgare* (oder mikrobielle Gare) besteht aus zählbaren Mikrobenzellen, einer höchst lebendigen Krümelerde. Sie wird z.B. gefördert durch

Stallmist, der flächenartig aufgebracht wird und das Bodenleben tüchtig anregt. Allerdings muss der Boden bereits biotisch einigermaßen gesund und belebt sein.

Die *Plasmagare* entsteht nach dem Zerfall der Zellen, sodass deren Kraft frei wird. Ist der Boden biologisch gesund, wird sie gebunden und steht dem Pflanzenwachstum vollständig zur Verfügung. Die Wurzelzone ist beispielsweise ein Ort, wo Plasmagare entwickelt wird, weil sich dort ein ständiges Werden und Vergehen abspielt. Das kann ziemlich tief reichen, mehrere Meter sogar. Wenn Kompost vollständig gereift ist, besteht er hauptsächlich aus Plasmagare.

In der Kritik an der konventionellen, nicht-biologischen Landwirtschaft wird meist betont, durch sie werde der Boden immer mehr verdichtet, weil er so häufig mit schwerem Gerät befahren wird. Das ist nur ein Teil der Realität. Wenn ich im Winter über die Felder wandere, finde ich meist keine Bodengare. In unserer Gegend laufe ich über platt geschwemmte Erde. Das Wasser hat die Gare, soweit sie noch vorhanden war, aufgelöst. Der Boden nimmt nur schwer Wasser auf. Im jetzigen Winter (2018) sind viele Felder sehr nass und stehen teilweise unter Wasser. Das müsste oft nicht passieren, selbst wenn viel Regen fällt. Eine lebensreiche, gut genährte Erde hält das Wasser in seiner Gare und den inneren Leitungssystemen. Sie entstehen durch die Arbeit der Würmer und anderer Kleintiere, die zum Teil tiefer in die Erde hineingehen, wo sie Wurzelreste verarbeiten. Die Gare selbst, die Krümelerde im oberen Bodenbereich, kann gegenüber Sand ein Vielfaches an Wasser halten. Wenn es sich um natürliche Krümelerde handelt! In der Landwirtschaft wird meist im Frühjahr Gare »hergestellt«, durch die maschinelle Bodenbearbeitung, also durch das tiefere Aufbrechen und Feineggen des Bodens. Diese Gare hat aber wenig Bestand. Sie ist eine »Scheingare«. Der Boden muss auf die Pflanzen hoffen, die ihn dann ein wenig schützen. Anders verhält es sich, wenn Mikroorganismen und Kleintiere mit ihren Ausscheidungen die Bodenbestandteile verbinden. So erst bekommt die Gare haltbare Qualität. Hier schließt sich der Kreis. Die Bakterien, Pilze (Myzelien und Hyphen) und Kleintiere, die eine solche Krume »bauen«, können nicht auf bzw. in einem Acker leben, der keine natürliche Nahrung erhält. Das Mindeste wäre, dem Feld mit Anbau von Zwischensaaten, vor allem Leguminosen, über Herbst und Winter zu helfen. So hat er wenigstens ein bisschen Schutz. Optimal ist natürlich die Flächenkompostierung, also die Bodenbedeckung mit pflanzlichen Materialien. Das hält den Boden im Garezustand, denn sein Leben erneuert sich beständig. Der beste Beweis sind die Würmer, die man in einer solchen Erde auffindet. Mit bloßem Auge sehen wir: Hier ist Fruchtbarkeit zu erwarten. In unökologisch bearbeiteten Feldern sind die Kleintiere kaum lebensfähig. Diese Felder sind wie tot.

Nachhaltige Bodengare und Fruchtbarkeit sind Geschwister. Romantisch betrachtet sind sie sogar verheiratet. Ich bin also wieder bei der guten Erde gelandet. In der Kirche führ(t)en alle Wege nach Rom. In der Landwirtschaft führen alle Wege zur guten Erde. Wenn wir von ihr reden, reden wir im selben Atemzug von der Gesundheit der Pflanzen, denn sie sind von der Qualität des Bodens abhängig. Mensch und Tier wiederum sind abhängig von gesunder Nahrung. Wenn Pflanzen degeneriert sind, wenn sie z.B. auf Grund der Überdüngung einen gestörten Stoffwechsel entwickeln und für schädliche Bakterien angreifbar sind, kann sich die verminderte Abwehrkraft auf die Konsumenten der betroffenen Pflanzen übertragen, also auf Tiere und über sie auf Menschen oder direkt auf Menschen. Der pflanzliche Zellstoffwechsel kann irreversibel, das heißt nicht mehr reparierbar, gestört werden. Dies muss äußerlich nicht sichtbar sein. Die äußere Form einer Frucht kann den Anschein gesunden Wachstums erwecken und doch kann sie sehr krank sein. Sie kann beispielsweise faulig riechen und so schon verraten, dass ihr Zellaufbau degeneriert ist. Solche Früchte können kaum gesunde Proteine bereitstellen, und es fragt sich auch, ob die Vitamine und Enzyme vorhanden sind, die wir von der jeweiligen Frucht für unseren Stoffwechsel erwarten.

Ein wichtiger, sogar glücklicher Lernschritt war es, dass ich frühzeitig von der Bedeutung der Mineralien für den Ackerboden erfuhr. Die geschilderte Methode sah vor, beim Pflanzen von Kartoffeln in jedes Pflanzloch Basaltmehl zu streuen. Nachdem die Saatkartoffeln eingebracht sind, bekommen sie eine weitere Brise Basalt auf den Kopf gestreut. Schließlich wird das Pflanzloch, in dem nun die mit Basaltmehl versorgte Pflanzkartoffel liegt, mit der aufgeworfenen Erde geschlossen. Ich erinnere mich nicht, ob diese Methode in jenem Artikel wissenschaftlich begründet wurde. Wahrscheinlich hatte mich überzeugt, dass das Erdreich auf diese Weise notwendige Spurenelemente und Mineralien erhält. Eine Saison lang wandte ich die Methode an und erntete gute, dicke Kartoffeln.

An anderer Stelle hatte ich gelesen, Algenkalk enthalte wertvolle Mikronährstoffe, die von jedem biologisch aktiven Boden leicht aufgenommen und verwertet würden. Insbesondere die Kompostbildung profitiere von häufigen Prisen Algenkalk, auf die eine Gießkanne Wasser verteilt werde. Durch das Leben im Kompost würden die eingebrachten Spurenelemente vorverdaut und leichter für Erde und Pflanzen zugänglich. Das erschien mit plausibel.

Beide Methoden wende ich jedes Jahr an. Die Moorerde hat selbst sehr wenig an Mikronährstoffen zu bieten. Das wusste ich schon im Hinblick auf unsere Schafe, die von Anfang an Nahrungsergänzung (Silizium und Salz) brauchten. Mit den Jahren wurde mir bewusst: Gemüsepflanzen können durchaus gesund und knackig sein, wenn ihrem Wachstum reichlich Stickstoff und sonstige gute Bedingungen gewährt sind. Dennoch ist nicht gewährleistet, dass sich die Mineralstoffbilanz des Bodens im Gleichgewicht befindet. Das hat natürlich Auswirkungen auf die Pflanze bzw. Gartenfrüchte und letztlich auf die Gesundheit der Verbraucher. Am ehesten stehen dem Boden die notwendigen Spurenelemente zur Verfügung, wenn neben Algenkalk noch Urgesteinsmehl, z.B. Basaltmehl, über einzelne Kompostschichten gestreut wird. Auf diese Weise werden auch mehrere nützliche Prozesse gefördert: Fäulnis wird gehemmt, Verrottung gefördert und Spurenelemente werden leichter aufgeschlüsselt. Ein gut versorgter Kompost wiederum fördert die Bodengare.

Die gute Erde kann unser positives Schicksal werden, wenn wir es verstehen, sie zu pflegen und zu ehren. Die industrielle Landwirtschaft führt weitgehend davon weg. Die Böden sind oft ausgelaugt und total abhängig von den industriellen Produkten, die dem Boden helfen sollen, dass die Saat aufgeht und Pflanzen wachsen. Manchmal denke ich, wir Menschen können eigentlich nicht genügend Substanz und Kraft haben, wenn wir von künstlich ernährten Pflanzen leben. Das muss sich doch körperlich und geistig niederschlagen. Vielleicht findet sich die Bedürftigkeit der Äcker in unserer Bedürftigkeit und Abhängigkeit von der Konsumwelt wieder, als gäben die Lebensmittel die Verarmung der Erde an uns weiter. Wir scheinen dies zu ahnen, aber konsequent sind wir noch lange nicht. Andersherum betrachtet, spiegelt die ausgelaugte Ackererde eine ausgelaugte menschliche Gesellschaft wieder, die genauso von künstlich erzeugter Nahrung lebt wie das bewirtschaftete Feld. Die Folgen seiner Erschöpfung werden mit Kunstdünger und Giften abgewehrt. Eine ausgelaugte gesellschaftliche Kultur geht einen ähnlichen Weg. Sie überhäuft sich mit unwichtigen Produkten, mit Pseudo-Befriedigung und Suchtmitteln. Hätte unsere Gesellschaft reelle Kraft und würde sie die Nachhaltigkeit, die entgegen ihrer Proklamation kaum zustande kommt, wirklich leben, würden die Menschen überzeugend und wirksam auf die notwendigen Veränderungen drängen. Vor allem die jungen Leute müssten endlich aufstehen und den Älteren zeigen, wo es langgeht.

18. Die Geburtstagsrose

Ende November, als die Beete vor dem Haus geräumt und die Stauden beschnitten waren, erblühte überraschend eine Rose. Offenbar hatte ich diesen Trieb beim Beschneiden vergessen. Eines Morgens sah ich die beginnende Blüte mit dem unbeteiligten Blick, der blühende Schönheit auf einem herbstgrauen Beet nicht mehr suchte oder erwartete. Alle Natur ringsum hatte sich mit der dunklen Jahreszeit abgefunden, so auch ich. Noch gab ich der Rose keine weitere Bedeutung, sie hatte sich einfach verspätet und nutzte die Gelegenheit, das, was in ihr steckte, hervorzubringen. Wenige Tage später feierten wir, die ganze Familie mit Kindern und Enkelkindern, Christas Geburtstag. Die Rose stand einsam vor der dunklen Rhododendronwand. Sie war voll erblüht, fast leuchtend und eigentlich nicht zu übersehen. Endlich wurde ich mir des zeitlichen Zusammentreffens bewusst. Christa, die über ihr Geburtsdatum nicht gerade glücklich ist, war ein echtes Geschenk gewachsen, das nicht jedem Menschen, der zu dieser Jahreszeit auf die Welt gekommen ist, zuteil wird. Als es nach der Geburtstagsfeier etwas ruhiger wurde, wies ich Christa auf die Rose hin. Doch, antwortete sie, ihr wäre dieses kleine Wunder schon aufgefallen. »Aber es war so viel los in der Zeit«, meinte sie, da sei »das untergegangen«. Die Rose blühte noch relativ lange, sodass wir uns Morgen für Morgen vom Badezimmerfenster aus an ihr erfreuen konnten. Ich fand, sie sollte fotografiert werden. Sie war eine besondere Blume, eine »rose l'importante«, wie Gilbert Bécaud gedichtet hatte. In der letzten Strophe des Chansons wird die mitfühlend angesprochene Person mit einer Blume gleich gesetzt, die durch die Zeit tanzt. Was ist wirklich wichtig?, heißt es da. »Das ist die Rose!« Gemeint ist, wer du wirklich bist, dein wahres Selbst. Nur das zählt.

Von Rosen habe ich so viel Wissen wie ein Seehund vom Rhabarber. Sie traten mit Christa in mein Leben. Wunschgemäß lernte ich, ihr rote Rosen zu schenken. So verbinde ich die Rosen hauptsächlich mit ihr. Aber auf Dauer kann sich ein Mensch der Schönheit der Rosen nicht entziehen. Ich auch nicht. Bei aller Liebe zu anderen blühenden Freundinnen und Freunden: Aufblühende rote oder gelbe Rosen, auch mal weiße oder rosafarbene, verwöhnen Auge und Herz mit ihrer natürlichen Schönheit. Es sei denn, sie sind züchterisch überladen, zu dick, dass der Stängel die Blüte nicht halten kann, oder zu füllig, dass sie zu einem bunten Ball geraten. Das passt nicht.

Die Rose war mir als Lied und fromme Poesie seit Kindestagen bekannt. »Es ist ein Ros' entsprungen«, klingt mir immer noch verheißungsvoll in den Ohren, wenn die Adventszeit wiederkehrt. Insbesondere die Zeilen »und hat ein Blümlein bracht, mitten im kalten Winter, wohl zu der halben Nacht«. Das Motiv einer Blume in dunkler Zeit ist zu verführerisch, als das man darauf in lyrischen Tröstungen verzichten wollte. »Maria durch einen Dornwald ging«, erscheint hingebungsvoller, dafür sorgt schon die melancholisch tragende Melodie. Sie kommt so von Herzen, wie eine gemütvolle Seele es sich wünscht. Hier wird die Rose zum Kind, das schon vor seiner Geburt die Welt verwandelt: »Als das Kindlein durch den Wald getragen, da haben die Dornen Rosen getragen.« Das Lied stammt aus dem 19. Jahrhundert und war ein Wallfahrtslied. Wallfahrer sind bekanntlich auf dem Weg zu heiligen, heilenden Orten. Ihre Bemühung um die rechte innere Einstellung gilt dem Anliegen, zu beten und sich den überirdischen Mächten zu öffnen. Sie sollen den Menschen beistehen, sollen Kraft und Zuversicht verleihen, dass Verlorenheit, Leiden und Unfrieden überwunden werden:

»Maria durch einen Dornwald ging, der hat in sieben Jahren kein Laub getragen.« Die Marienverehrung nimmt Bezug auf die unersetzliche Mütterlichkeit. Sie möge den Menschen durchs schwere Schicksal führen. »Jesus und Maria«, das Mutter-Kind-Gespann, scheinen diese hoffnungsvolle Erwartung zu stärken. Die gegen die Tristesse aufblühenden Rosen bezeugen es. Ich singe dieses Lied immer gerne und denke dabei auch an meine Eltern, die mit uns Kindern jene Lieder sangen.

Rosen haben viele Namen, werden Züchtern, geliebten oder verehrten Menschen, Regierenden usw. gewidmet. Meine Rosenzuneigung kennt keine Namen. Ich könnte sie nicht behalten. Manche Rosen geben bald nach ihrem Erblühen zu erkennen, dass sie schnell vergehen. An der westlichen Wand unserer Scheune gedeiht eine Kletterrose, deren dunkelrote Blüten nach wenigen Tage von den Randblättern her schnell braun werden und den Kopf hängen lassen. Ich würde ihr den Namen »Rosa Longi Temporis« verleihen, also »Rose Vergänglichkeit«. Dieses Motiv ist übrigens verantwortlich für einen Teil der Rosenverehrung in der Antike. Im alten Rom wurde ein Rosenfest namens »Rosalia« gefeiert. Man umgrenzte die Gräber mit Rosen, um wohl der Ahnen zu gedenken, aber auch die Endlichkeit des Lebens ins Bewusstsein zu rücken. Anschließend gab es ein Festgelage, mit dem offenbar die desillusionierende Erkenntnis recht kurz gehalten wurde.

Wie ich in einem Buch über Symbole von Dorothea Forstner lese, hat der römische Dichter Plinius der Ältere behauptet, in der Natur verwelke am schnellsten, was auffallend blühe. Ähnlich würden im Menschenleben die schönsten Blüten besonders rasch ihr Ende nehmen.

Wie dem auch sei, wesentlicher erscheint mir die uralte Symbolik, nach der die Rose für Liebe, Lebensfreude und Jugend steht. Seit Jahrtausenden verbindet die Rose den Menschen mit den Göttern. In vorchristlicher Zeit war sie die Blume der germanischen Liebesgöttin

Freya, ebenso der antiken Gottheiten Aphrodite, Eros und Dionysos, also überwiegend sympathischer Gestalten. Sie spiegelten die Vielfalt und Lebendigkeit der Menschen wieder. Ihre Charaktere finden sich womöglich in den Rosen wieder. Die Rosen unseres Gartens bestätigen diese Vermutung. An der Wand, hinter der sich das Bad befindet, wächst ein Strauch mit tiefroten, recht üppigen Blüten. Ein paar Meter weiter, dort, wo die Schlafzimmer liegen, breitet sich nach allen Seiten eine kernige, um nicht zu sagen sinnliche Kletterrose aus, die bis in den Herbst rosa blüht und keine Mühe scheut, auf das Dach hinaufzuwachsen. Beide Rosen riechen dezent attraktiv. Letztere muss ich leider großzügig beschneiden. Wenn es nach ihr gehen würde, nähme sie das ganze Haus nach und nach von außen in Besitz. Eine Rose von solcher Kraft kann nur göttlichen Ursprungs sein. Um sie günstig zu stimmen, habe ich ihr vom Haus weg, am Rand des Blumenbeets, ein Spalier gebaut, ebenso an der Hauswand entlang, wo sie die Kletterreben des Weins verdrängen darf. Es tut mir um die treue, 25 Jahre alte Weinrebe leid. Aber konnte ich ahnen, welche Kraft die Rose haben würde?

Neben der Küchentür hat sich eine gelb erblühende Kletterrose niedergelassen. Wir haben sie zwar gepflanzt, aber sie hat bestimmt, sie wolle da wachsen. Denn ihre Vorgängerin hatte nach einigen Jahren aufgegeben, und man muss den Rosen durchaus Entscheidungsfreiheit einräumen. In diesem Fall könnte eine weitere Göttin ihre Hand im Spiel haben, so entschieden gelb wie die Rose blüht. Das wäre dann Pallas Athene, die auf Gelb spezialisiert sein soll.

Soviel Ehre wie den Rosen wird nur wenigen Blumen zuteil. Die junge wie die alte Liebe, ihre Sehnsucht und Bewunderung, verschmilzt unweigerlich mit der Schönheit von Rosen. Sie stehen Patin, wenn ein Mann nach Worten für seine Liebeswallung sucht. Stellvertretend für die Lieder, die mit diesem Anliegen gedichtet und gesungen werden, zitiere ich aus dem weltbekannten irischen Volkslied aus dem 19. Jahrhundert »The Rose of Tralee«:

She was lovely and fair as the rose of the summer.
Yet ,twas not her beauty alone that won me;
oh no, ,twas the truth in her eyes ever dawning,
that made me love Mary, the Rose of Tralee.

(Sie war lieblich und hübsch wie die Rose im Sommer.
Doch es war nicht nur ihre Schönheit, die mich gewann;
oh nein, es war die Wahrheit, die in ihren Augen aufschien,
die mich Mary lieben ließ, die Rose von Tralee.)

Nach diesen Betrachtungen weiß ich nicht sicher, was Christas Geburtstagsrose zu bedeuten hat. Zumindest weiß ich, dass der Strauch von ihr einst gepflanzt worden war. Vermutlich hat eine wohlmeinende Blumenfee Einfluss genommen, um Christa ein Kompliment zu machen und danke zu sagen für ihre Sorge um die Blumenbeete. Denn mit den Jahren gestaltet sich die Pflege der Beete nicht unbedingt rückenfreundlich. Zwar lässt sich nicht exakt ermitteln, wie kommunikativ Rosen sind, ich glaube aber, diese Rose hat etwas von meiner Liebe aufgeschnappt und weitergegeben.

19. Die Kraft des Gärtners

Während einer Wanderung am Ufer der Nordsee bewunderten wir, Christa und ich, die Farbenpracht der untergehenden Sonne und wie sie auf den Wolken am Himmel ein rosa-orange-gelbes Farbenmeer malte. Der Dezember hatte Fahrt aufgenommen und die Temperaturen bewegten sich nur wenig über null Grad. Nach vielen regnerischen und stürmischen Tagen hatten wir endlich wieder das Vergnügen, phasenweise blauen Himmel und Sonnenschein zu erleben.

Ich sog, ja atmete förmlich die besonders großzügige Atmosphäre in mich hinein. Diese Situation in einer geradezu verwöhnenden Natur mit frischer Luft, landschaftlicher Schönheit und romantischer Wetterstimmung schaufelte mir Kraft zu. Ein willkommener Gedanke machte sich in mir breit: Das Leben wird dadurch sinnvoll, dass ich mich der Kraft widme und mich für sie öffne, dass ich sie gewissermaßen »studiere«, als gelte es, Geheimnisse wahrzunehmen und zu verstehen. Kraft, so sagten die Gedanken weiter, ist eine eigenständige dynamische Wirklichkeit, verborgen in allem, was ist, aber immer potenziell gegenwärtig. Sie könnte sich sogar in deprimierenden Situationen dem zeigen, der die Aufmerksamkeit auf sie lenkt. Kraft scheint sich Zwängen zu entziehen. Vielmehr öffnet sie sich der Hingabe.

In der Kindheit und Jugend wird Kraft allenfalls interessant, wenn man krank ist. Rivalität unter Kindern fordert Kraft, ebenso die Absicht, das eigene Können zu erfahren und zu zeigen. Das setzt sich im erwachsenen Alter fort und bekommt immer mehr Profil angesichts der Ansprüche ans Leben, ebenso im Hinblick auf die Pflichten, die wir eingehen. Auch können wir uns, von Ehrgeiz geleitet, übernehmen. Die Erfahrung, dass die Kräfte schwinden, machen viele Menschen, körperlich wie geistig.

Wir können ausbrennen, einen »Burnout« erleiden, wenn wir unsere Kraft missachten und sie folgerichtig verlieren.

Meine Kindheit und Jugend war geprägt von vielen Spielen an der frischen Luft, auch von Sport im Sommer wie im Winter. Dann kam die berufliche Ausbildung und Praxis. Alles lief überwiegend nach dem üblichen Muster aus Krisen, Fehlern, freudvollen Ereignissen und Lernerfolgen. Erste einschneidende Erfahrungen mit Kraftverlust hatte ich als Vater unserer Kinder. Kinder nehmen ja bekanntlich, was sie an Zuwendung kriegen können. In ihrer Liebe und Freude am Leben geben sie wieder viel Kraft zurück. Meine Kraft nahm rapide ab, als ich mitten im Leben stehend eine lebensbedrohliche Krankheit erlitt und mich einer invasiven medizinischen Behandlung unterziehen musste. Am Ende fühlte ich mich schwach wie ein Greis. Damals musste ich mich ernsthaft um meine Kraft kümmern. Seither weiß ich, wie wertvoll Kraft ist. Zum Gärtnern kam ich, als ich ein Stückchen Land in einem Schrebergarten bearbeiten konnte, das mir von Freunden angeboten wurde. Die Beete anzulegen, einzusäen und zu erleben, wie das Gemüse wuchs und ich auf diese Weise meine Familie ernähren konnte, verlieh mir wieder Kraft und legte die Grundlage für meine heutige Einstellung. Damals dankte ich Himmel und Erde, dass ich wieder leben konnte und meine Kräfte zurückkehrten. Etwas Entscheidendes war mit mir passiert, das berufliche Vorankommen geriet in den Hintergrund. Stattdessen formten meine Sinne und Gedanken ein anhaltendes Verlangen, mich der Natur nahe zu fühlen. Ich wollte, so oft es möglich war, an der frischen Luft aktiv sein. Dabei blieb es bis heute.

Gärtnern fördert in eigener Weise die Erfahrung von Kraft. Zunächst scheint am wichtigsten, wie der Körper mit seinen Fähigkeiten gefragt ist. Wir bewegen viele Seiten unseres Körpers, je nachdem, welche Arbeit getan wird. Das ist sehr befriedigend. Der Mensch spürt sich, die Kraft der Arme, der Beine, der Muskeln im Bauch, in den Schultern, im Rücken. Und man sieht schnell Ergebnisse. Ob die Beete umgegraben und für die Einsaat vorbereitet sind, ob Bäume und Sträucher beschnitten worden sind, Blumen gepflanzt oder Unkraut gejätet wurde: Alles zeitigt Wirkung und das Auge streicht zufrieden über das Ergebnis.

Überhaupt sind Erfolgserlebnisse wichtig für das Erleben von Kraft. Sie zeigt sich darin, dass etwas geschafft wurde. Hierzu passt das Wort »Selbstwirksamkeit«, das in den letzten Jahren modisch geworden ist und die Erfahrung eigener Fähigkeiten charakterisieren soll. Die Arbeitspausen sind verdient, erst recht der Feierabend mit seiner Stimmung aus Zufriedenheit und Erfüllung. Der Mensch sitzt vor dem Haus auf einer Bank und lässt den Tag friedlich ausklingen. Diese Stimmung ist durch nichts zu ersetzen.

Ähnliche Befriedigung erlebe ich mit der Selbstversorgung. Sie kann sehr viel Kraft schenken. Das Wort sagt eindeutig: Hier sorgt jemand aktiv für sich selbst bzw. für Lebenspartner oder eine Familie. Auch Gemeinschaften können auf Selbstversorgung setzen. Es kann sich dabei um Versorgung mit Lebensmitteln hauptsächlich aus dem eigenen Anbau oder aus Tierhaltung handeln. Aber Selbstversorgung schließt so viel mit ein, was sich sonst die meisten Menschen käuflich erwerben, was aber auch selbst hergestellt werden kann. Hinter der Kraft, die Selbstversorgung möglich macht, steckt das Gefühl, weniger abhängig zu sein, weil eigene Fähigkeiten ausgebildet werden. Der Wunsch, zu experimentieren und hinzuzulernen, bekommt Nahrung. Viele, die mit schulischen Erfahrungen geschädigt wurden, fangen an, Lust auf Lernen zu bekommen. Überhaupt würde es unsere Gesellschaft und ihre übertriebene Konsumhaltung nachhaltig verändern, wenn die verschiedenen Wege der Selbstversorgung breite Verwirklichung finden würden. Die kritische Beurteilung des Konsumlebens in unserem Land ist eher berechtigt, wenn ich tatsächlich weniger konsumiere. Ansonsten ist das Schall und Rauch und ich belüge mich selbst. Auf jeden Fall gewinne ich als »Vollzeit-Konsument« keine Kraft, ich kaufe halt und lebe nahtlos in Abhängigkeit.

Die Kraft-Perspektive geriet auch durch die berufliche Arbeit in meinen Fokus. Seit 45 Jahren arbeite ich als Therapeut. Als ich nach schwerer Krankheit damit aufhören wollte, ließ mich ausgerechnet das Leben in der Natur wissen: Es wird Zeit für die Rückkehr in den Beruf. Dabei spielte die Erfahrung wiedergekehrter Kraft eine große Rolle. Die Frage der Kraft war keine Theorie mehr. Wer sie einmal verloren hat, der weiß, wie wichtig sie für ein erfülltes Dasein ist. Mit der Selbstversorgung und dem Leben draußen zeigte sich ein sehr verlässlicher Halt. Mein Blick für die Patientinnen und Patienten veränderte sich. Ich entfernte mich von studierten Inhalten und wendete mich immer mehr der Erkenntnis zu, wie wichtig Kraft im Leben ist. Kraft zu erleben, ist ein besonders heilendes Elixier. Dies musste ich erst erfahren und verstehen. Theoretische

Kenntnisse können dies nicht ersetzen, schon gar nicht, wenn sie die hohen Gipfel wissenschaftlicher Abstraktion erreichen. Als ich den innigen Zusammenhang von Leben und Kraft begriffen hatte, bekamen theoretische Erklärungen über psychische Erkrankungen eine andere Bedeutung. Ich mied das ausufernde theoretische Gerede und suchte den praktisch wertvollen Gehalt.. Dies half mir, in meinem Beruf zurückzukehren. Wahrscheinlich konnte ich nun sicherer entscheiden, was in der therapeutischen Arbeit wirklich wichtig ist. Und mein Beruf hat mir mehr Freude gemacht und mich weniger ausgelaugt. Eher hat er mir Kraft gegeben. Ohne Kraft kann man nicht gut leben.

In dieser Hinsicht bin ich inzwischen unbelehrbar und mag auch keine Fortbildung mehr. Therapie bedeutet nicht einfach Heilung bzw. Behandlung mit dem Ziel heilender Fortschritte oder wesentlicher Einsichten. Vielmehr ist Therapie meistens auch eine Auseinandersetzung mit dem Widerstand der Menschen. Sie muss sein, da der Widerstand sehr viel Kraft bindet, die für ein besseres Leben nicht zur Verfügung steht. Das psychische Leiden kommt nicht von ungefähr, hat seine Geschichte und Aufgabe. Der Widerstand gegen ein besseres Leben und was dafür an eigenen Bemühungen notwendig ist, hat immer eine Geschichte. Der Mensch nimmt ein Leiden auf sich, weil er glaubt, es helfe ihm dabei, einen Konflikt zu verdrängen oder ein Trauma abzuwehren. Scheinbar ermöglicht es auch, Verantwortung zu meiden, sich von Ängsten bestimmen zu lassen und Selbständigkeit aus dem Weg zu gehen. Das gilt es zu verstehen. Im nächsten Schritt kann uns Krankheit, seelische wie körperliche, dazu auffordern, etwas Entscheidendes in unserem Leben zu verändern. Krankheit kann uns festhalten, aber genauso auch herausfordern. Im Leiden an einer Erkrankung übersehen wir oft, zu unserem eigenen Schaden, dass sie ihrerseits Kraft bindet. Das tut sie einmal, weil wir uns bemühen, gesund zu werden. Aber sie tut es auch, wenn wir unbewusst an ihr festhalten. Letzteres nennen Psychologen »Krankheitsgewinn«. Es ist schwer, dies sich selbst einzugestehen. Aber die entsprechende Einsicht setzt wiederum Kraft frei, die Veränderungen zur Verfügung steht.

Der entsprechende Wille sagt: »Ich will nicht untergehen. Je mehr ich einsehe, was anders werden muss, desto mehr will ich dafür Kraft entwickeln. Aus welchen Quellen schöpfe ich sie? Ich begebe mich auf die Suche. Ich probiere aus. Ich bin neugierig, was ich entdecken kann.«

Ein Psychotherapeut begleitet dies. Er sollte vertrauen und Offenheit fördern, auch dadurch, dass er bzw. sie sich einlässt auf den Hilfe suchenden Menschen. Humor spielt eine große Rolle. Ängste und Klagen sind oft Teil des Leidens. Sie führen aber zu Inspirationen, wie es besser gehen kann. Angeleitet werden sie durch eine simple Frage: »Wie können Sie Kraft bekommen?« Die Tür zu neuen Möglichkeiten ist womöglich aufgestoßen, wie können die nächsten Schritte aussehen? Man weiß jetzt eigentlich: Nur selbst kann man herausfinden, woher die eigene Kraft stammt und wie sie stärker werden kann. Und sie muss tragfähig werden und einem über große Hürden verhelfen können – Hürden, die von eigenen Ängsten, von Hilflosigkeit und Bedürftigkeit aufgebaut werden.

Alte Kulturen sehen in der Kraft ein zentrales Moment des Lebens. Ursprungsvölker wie die Indianer, Aborigines oder Maori machen uns das vor. Sie hatten allerdings genug gelitten unter Machtlosigkeit und Erniedrigung. Mit den psychischen und sozialen Folgen setzen sie sich immer noch auseinander. Wenn sie aufstehen und von Kraft, auch von Macht sprechen, dann wissen sie, wovon sie reden. Wer einmal den Maori-Kriegsgesang und -tanz erlebt hat, wird unweigerlich ergriffen von der seelischen Kraft, die die Menschen in diesem Ritual ausstrahlen. In der westlichen Kultur macht sich dagegen eine sonderbare Kraftlosigkeit breit, die anscheinend in keinem Verhältnis zu der wirtschaftlichen und politischen Macht steht, die die westlichen Völker und mit ihnen die Nationen, die es ihnen gleich tun, für sich beanspruchen. Nicht selten habe ich den Eindruck, ich lebe ich in einer in vielen Belangen abgezehrten, kränklichen Kultur, deren Menschen sich häufig mit pseudo-kraftvollem Getue zufriedengeben. Darüber kann man viel spekulieren und sich theoretisch auslassen. Für mich hängt die epidemische Erschöpfung, die sich bei uns in verschiedenen Formen mal mehr, mal weniger präsentiert, ganz eng mit der materialistischen Mentalität und Konsumgläubigkeit zusammen. Wie viele Menschen haben sich ihre kritische Wahrnehmung, ihre Willensstärke und produktive Kraft abkaufen lassen? Wofür?

Jeder bewusst und gerne lebende Mensch könnte eine Autobiographie seiner Kraft schreiben. Vielleicht regen diese Zeilen dazu an. Solche Fragen können sich stellen: Was sind zurzeit meine Kraftquellen? Wie sah das früher mit meiner Kraft aus? Gab es in meinem bisherigen Leben Krisenzeiten, in denen meine Kraft nachließ? Wie hatte ich wieder an Kraft gewonnen? Was, glaube ich, wird meine Kraft in der nächsten Zeit nähren?

Was mich selbst betrifft, hängen meine Krafterfahrungen eng mit dem Leben in der Partnerschaft und Familie zusammen. Die berufliche Arbeit und die gärtnerische Selbstversorgung sind darin eingebettet. Es ist sehr befriedigend, mit der eigenen Hände Arbeit für die Familie zu sorgen. Christa betont bisweilen mit dem Anflug von Stolz, was von den Speisen, die auf dem Tisch stehen, aus dem Garten stammt. Nicht selten sind nur wenige gekaufte Zutaten dabei. Kraft spenden ebenso die blühenden Pflanzen, die Blumen, Stauden, Büsche und Bäume, die um das Haus herum leben. Sie geben dankend zurück, was für sie getan wird.

Geben und Nehmen im beidseitigen Austausch begünstigen das Erleben von Kraft.

Unlängst unterhielt ich mich im Traum mit einem Baum. Er bat mich um einen Gefallen. Im Wachzustand konnte ich leider nicht mehr die Einzelheiten erinnern. Es erschien mir seltsam, wirklich mit einem Baum zu reden. Aber im Traum ist das möglich. In der Realität spreche ich zu Bäumen und Pflanzen, besonders zu denen, die unseren Garten bevölkern. Ich ermuntere sie, sich zu entfalten, ich danke ihnen und lobe sie. Nicht selten antworten sie mir, allerdings nicht direkt in Worten. Diese muss ich mir dem Gefühl nach ausdenken. Das Gefühl jedoch ist eindeutig, und es ermutigt mich, den Pflanzen auf solche Art zu begegnen. Ich glaube, dieses Miteinander mit Bäumen und Pflanzen überhaupt ist auch ein Austausch von Kraft. Wir spenden einander Kraft.

In ihrem Buch »Das geheime Leben der Pflanzen« haben die Autoren Peter Tompkins und Christopher Bird viele Beobachtungen zusammengetragen, die von der möglichen Beziehung des Menschen zu Pflanzen Zeugnis geben. Wenn ich mit gärtnernden Zeitgenossen ins Gespräch komme, landen wir oft in der gegenseitigen Bestätigung, dass Pflanzen auf den Menschen reagieren. Sie wünschen sich Lob und Ermutigung. Ich habe aber auch davon gehört, dass etwas strenger eingestellte Gärtner ihre Pflanzen mitunter erziehen. Eine Frau berichtete mir, sie hätte einer Zimmerpflanze, die sich zierte zu wachsen und zu blühen, den Gang in die Mülltonne angedroht, falls sich in den nächsten zwei Wochen keine positive Veränderung ergeben sollte. Daraufhin hätte sich die Pflanze bequemt, die erwarteten Fortschritte zu machen. Ich muss gestehen, ich habe auch schon mal einer Pflanze gedroht, anscheinend mit Erfolg. Damals handelte es sich um einen Birnenbaum, der zwar an Größe zunahm, mit Früchten jedoch geizte. Ich nehme an, er hätte sowieso Früchte hervorgebracht, wenn seine Zeit gekommen war. An Lob und Ermutigung glaube ich mehr als an Drohungen. Einem jungen Apfelbaum, der eine große Scheuerwunde in der Stammmitte hatte und nur ein mageres Blätterkleid anlegte, sprach ich besonders viel Mut zu. Ich sagte ihm, es wäre mir auch mal so schlecht ergangen. Doch ich wäre noch am Leben, und das nicht mal so schlecht. Ob er das gehört hat? Jedenfalls hatte er sich prächtig entwickelt, mit seiner vernarbten Wunde. Er wird ansonsten, wie die anderen Obstbäume, mit Kompost und Kalk gefüttert. Manchmal bekommt er noch ein bisschen mehr davon. Wenn ich nun vor diesem Baum stehe, ist es mir, als seien wir einander nicht nur ähnlich, sondern sogar verwandt und würden mitfühlen, wie es uns jeweils geht.

Der Austausch mit Pflanzenfreunden dient immer auch der Kraft, ihrer wie meiner. Im Kern ist Kraft ein Einverständnis mit der Schöpfung, ein stetiges Danken, ein dauerndes Kompliment dafür, was sie alles erschafft. Naturmystiker sprechen davon, dass sie ihre Kraft mit der Natur teilen. Sie sehen sich nicht getrennt, sondern im Einklang mit ihr. Wenn die Aufmerksamkeit auf die Pflanzenwelt übergeht, treten manche hochgespielte Wertigkeiten in den Hintergrund. Dies kann auch im engen Kontakt mit Tieren geschehen, vorausgesetzt, Zuneigung und Empathie sind die leitenden Gefühle. Wir wissen z.B. von pferdeverliebten Mädchen, wie ihre Welt einen neuen Bezug bekommt und sich ihr Gefühlsleben besser ausgleicht. Sie können ihre Sehnsucht erleben, ohne sich dafür zu schämen.

Was hat mich die Aufmerksamkeit für Kraft gelehrt?

Die wichtigste Grundlage für ein Leben, das die Kraft im Auge behält, ist Selbsterkenntnis. Aus ihr folgt, sich im Guten wie im Schlechtem wahrzunehmen und die Veränderung, die möglich ist, anzugehen. Die Überprüfung eigener Glaubenssätze spielt dabei eine wesentliche Rolle. Und der Wille braucht Übung. In ihm steckt entscheidende Kraft.

Meine Erkenntnisse zum Thema Kraft sind natürlich nicht nur durch Gartenarbeit und Selbstversorgung geprägt. Doch ist mir durch sie vieles bewusst geworden, was in einem Alltag ohne sie weniger beachtet würde. Ich habe mich in vielem besser kennengelernt. Ausdauer und Verlässlichkeit waren mir als Wesenszüge zwar bekannt, haben aber durch die gärtnerische Selbstversorgung und die Sorge um die Tiere, die mit uns auf dem Hof lebten und leben, eine tiefere Bedeutung erhalten.

Die nächtlichen Exkursionen im Dienste der Schneckenentfernung beispielsweise waren bemerkenswerte Erfahrungen. Oder, was ebenfalls die nächtlichen Aktivitäten betrifft: Die Versorgung und Beobachtung der Lämmer brachten wahrlich Neues in mein Leben. Da die Tiere von uns abhängig waren, vor allem, wenn ein Lamm von seiner Mutter nicht angenommen und von uns mit Milch versorgt wurde, mussten wir flexibel und willens sein, ihm zu helfen. Auch die Ausdauer im Jäten des Unkrauts oder in der Ernte der Bohnen, der Blaubeeren, der Äpfel etc., die mehrere Stunden und, wenn man es jeweils zusammenrechnet, auch Tage in Anspruch nehmen kann, war eine bemerkenswerte »Selbsterfahrung«. Nun ist das und noch viel mehr zur Lebenspraxis geworden und hat sich in meinem Wesen verankert.

Eine Veränderung hat mir besonders gutgetan und mich vieles über Kraft gelehrt. Die selbstversorgende Lebenshaltung inmitten eines Gartens oder auf einem Bauernhof erfordert Hingabe und die Bereitschaft zu dienen. Dazu stehe ich, auch wenn es für manche salbungsvoll klingen mag. Ich drücke diesen Eindruck so emotional aus, weil es meine feste Überzeugung ist, dass ich nicht Herr über etwas bin, über einen Acker oder über Tiere, sondern Teil einer Lebensgemeinschaft, in der alle aufeinander angewiesen sind. Im Grunde existiert alles Leben auf der Erde in gegenseitiger Abhängigkeit. Wenn der Mensch sich zum Herrscher aufschwingt, verliert er seine zugewiesene Rolle in der Schöpfung aus den Augen. Dem entspricht im kleinen Maßstab die Rollenvorgabe, die das Hofleben für mich bereithält.

Im bäuerlichen Dasein, das einem guten Leben der Familie dient, bekommt jede Arbeit einen Wert. Es gibt keine bessere oder schlechtere Arbeit. Jede Arbeit ist sinnvoll und führt zu einem Ergebnis.

Hiermit verbindet sich ein zentraler Aspekt: Der Mensch braucht für seine Kraft die Bereitschaft, sich zu verpflichten. Ich würde sogar weitergehend sagen: Gott sei Dank haben wir die Möglichkeit, uns zu verpflichten. Der Mensch, der Verpflichtung nicht kennengelernt hat, schlingert durch sein Leben und klagt zu Recht über Mangel an Orientierung und Sinn in seinem Dasein. In diesem Schlingern verpulvert er nutzlos seine Kraft.

Die wichtigste Lehre, die ich im Hinblick auf Kraft erhalten habe, betrifft die Eitelkeit: Sie lohnt sich nicht. In dem Begriff Eitelkeit vereine ich alle selbstgefälligen und selbstbedürftigen Ansprüche, die sich einem Menschenleben unnötig auflasten können. Anders und praktischer formuliert lässt sich behaupten: Eitelkeiten sind Krafträuber. Was ich an Kraft in die Selbstbeschau und Selbstbestätigung investiere, fehlt mir sonst, vor allem, wenn es darauf ankommt, über Kraft zu verfügen. Das hört sich radikal an. Gemessen an der narzisstischen Bedürftigkeit, die vielen Menschen der westlichen Welt zu schaffen macht, ist es das auch. Das Leben mit Selbstversorgung hat durchaus mit dem »Selbst« zu tun. Nur liegt hierbei das Auge auf einer anderen Nahrung als die, die sich das bedürftige narzisstische Selbst erhofft. Dieses braucht je nach Schwerpunkt seiner Bedürfnisse ein vergleichsweise hohes Maß an Bestätigung oder Halt gebender Zuwendung seitens der Umwelt. Nicht selten braucht es sogar Macht und Einfluss, um sich den Wunsch erfüllen zu können, etwas Besonderes darzustellen. Macht und Eitelkeit bedingen einander, ähnlich wie Unterwerfung und Bedürftigkeit.

In einem Leben, das überwiegend selbstversorgend gestaltet wird, werden solche Bedürfnisse in produktive Aktivitäten umgewandelt. Die Kraft des Menschen kommt seinem Selbstbewusstsein direkter zugute, als wenn er oder sie sich mit vielen Manövern bemühen muss, von Mitmenschen Bestätigung, Zuneigung und Zuspruch zu erhalten. Letztere verleihen dem Selbst wenig innere Stabilität.

Manchmal stelle ich mir vor, welche Dynamik sich im Lande entwickeln würde, falls führende Positionen von Menschen wahrgenommen würden, die einen Teil ihres Lebens selbstversorgend verbringen. Ich glaube, das prägt den Charakter und verleiht der Person eher Glaubwürdigkeit als dies der Fall wäre ohne die notwendige Bodenhaftung. Anstatt wie besessen um Macht und Einfluss oder Profit zu ringen, wären solche Menschen nüchterner und praktischer in ihren Verhandlungen und Entscheidungen. Sie hätten mehr Kontakt zur gesellschaftlichen Wirklichkeit. Sie würden Lobbyisten weniger Gehör schenken. Außerdem wären sie weniger anfällig für Korruption. Eigener Hände Arbeit zügelt die narzisstischen Tendenzen - sehr zum Wohl aller.

Michelle Obama, die Frau des letzten amerikanischen Präsidenten, hatte bekanntlich im Garten des Weißen Hauses einen biodynamischen Gemüsegarten angelegt. Das war eine vorbildliche Tat, die im Lande viel Beachtung fand. Mit ein wenig Phantasie lässt es sich ähnlich ausmalen, wie die weiten Grünanlagen um das Kanzleramt, den Bundestag und die Ministerien von Menschen, die sich dem Regieren widmen, gestaltet würden. Mit wenig Aufwand ließen sich Kartoffeln, Gemüsepflanzen und Obstgehölze ziehen, deren Früchte dann in den Kantinen der Regierenden verarbeitet werden. Die Ausschüsse des Bundestages hätten jeweils ihre eigenen Beete, wo sie sich treffen, um ihre Ideen auszutauschen, während sie Unkraut jäten. Das hört sich verrückt an. Warum eigentlich? Ist das eine zu niedrige Arbeit, unwürdig der hehren Stellung dieser Menschen? Doch kann man gewiss sein, die Ergebnisse ihrer Gespräche wären nicht schlechter als das, was sie ohnehin zustande bringen. Und wir alle hätten in ihnen ein glaubhaftes Vorbild. Die brandenburgischen Bauern würden ihnen gerne den Acker mit Pflügen und Misten vorbereiten. Und Berlin wäre um eine Attraktion reicher. Frau oder Herr Bundeskanzler könnte im weitläufigen Gemüse- und Blumengarten mit ihren Staatsgästen spazieren gehen, das wäre entspannend und abwechslungsreich. Man käme einander näher. Vielleicht hätte die Kanzlerin ein eigenes Beet zum Bearbeiten. Sie würde ihren Staatsgast einladen, mit ihr zu säen, zu pflanzen oder Unkraut zu jäten. Und anschließend gäbe es für beide eine gute Brotzeit auf der Gartenbank.

Man wird über solche Vorstellungen schmunzeln. Dem Frieden jeweils würden solche Ideen und Praktiken nicht schaden. Überhaupt scheint mir ein Leben, das dem Frieden dienen soll, dort besser aufgehoben zu sein, wo sich die Menschen mit gesunder Natur und Fruchtbarkeit gut auskennen. Der geschichtliche Hinweis dürfte hilfreich sein, dass solche Gesellschaften überwiegend friedlich waren (und sind), in denen die Menschen sich darauf konzentrierten, gute Grundlagen für Nahrung und Genuss zu schaffen. Solche Kulturen hatten einen starken Bezug zu Mutter- und Fruchtbarkeitsgottheiten und verliehen den Frauen eine hochgeschätzte Stellung. Was mich betrifft, fühle ich mich in dieser Tradition eher aufgehoben als in männlich dominierten Kulturen, wo Selbstbesessenheit und dürftige Charaktere viel stärker ausgeprägt sind.

Mit der Arbeit in Haus und Hof veränderte sich mein Leben erheblich. Es wurde ein gänzlich anderes Leben verglichen mit dem früheren, das hauptsächlich in irgendwelchen vier Wänden stattgefunden hatte. Der Aufenthalt an der frischen Luft, die körperliche Arbeit, aber auch die entspannenden Pausen auf der Gartenbank schufen die Grundlage für gute Laune und körperliche Gesundheit. Wenn mich etwas bedrängt, ist bereits ein Gang in den Garten befreiend. Dort gibt es selbst im Winter fast immer etwas zu tun. Wer sich für Fernsehsendungen oder Zeitschriftenartikel zu Gesundheitsthemen interessiert, wird feststellen, dass immer wieder die Notwendigkeit körperlicher Bewegung betont wird. Meinen Patienten und Patientinnen sage ich gerne zu diesem Thema, der Mensch sei genetisch ein »Bewegungswesen«. Man denke einfach einhundert, zweihundert Jahre zurück, dann wird das schon plausibel. Denn damals mussten die meisten Arbeiten in Haus und Hof mit körperlichem Einsatz getätigt werden. Die elektrischen und motorisierten Geräte, die uns heute einen großen Teil der Arbeit abnehmen, gab es damals noch nicht. Und wenn wir in die Steinzeit zurückdenken, wird die Rede vom Bewegungswesen noch deutlicher. Genetisch haben wir uns seither nicht verändert. Wir sind nach wie vor auch Steinzeit-Menschen, was unsere körperliche Veranlagung anbelangt. Ich glaube, ein in seiner Bewegungskraft vernachlässigter Körper macht auch seelisch Probleme. Das ist schon an der Produktion der Hormone abzulesen, insbesondere der Endorphine, besser bekannt als »Glückshormone«, die körperliche Anstrengungen begleiten. Sie stammen u.a. aus der Menschheitsgeschichte, als unsere Ahnen hormonelle Unterstützung brauchten, um standhaft und bisweilen mutig die Bedingungen für ihr Überleben zu sichern. Daher erklärt sich auch, warum Menschen, die an der frischen Luft für ihre Interessen aktiv sind, sich gut oder sogar »wie neu geboren« fühlen. Eine Frau die bei mir wegen Ängsten und depressiver Stimmung in Behandlung war, erkannte, wie wertvoll die tägliche Wanderung in den Moorwiesen für sie wurde. Ihr Leben hatte bis zur Berentung meist in geschlossenen Räumen stattgefunden. Nun hatte sie entdeckt, wie gut es ihr tat, das Haus zu verlassen. »Marschieren und Singen«, nannte sie das. Wahrscheinlich hat die zunehmende Depressivität der Menschen, die an der steigenden Anzahl entsprechender Diagnosen in den Arztpraxen abzulesen ist, viel mit dem mangelnden Leben »draußen«, an der frischen Luft, zu tun. Damit hängt gewiss die häufige Klage über Kraftlosigkeit zusammen. Menschen, die mit Überzeugung und Lust im Garten arbeiten, gewinnen an Kraft hinzu, körperlich, geistig und seelisch. Der Mensch wird sprichwörtlich »ganz«.

Das Hofleben erfordert Beweglichkeit, nicht nur im körperlichen Sinn, sondern auch im Hinblick auf Kreativität und handwerkliches Vermögen. Häufig muss etwas repariert werden. Oder es tauchen neue Lösungen für praktische Probleme auf, die nach Umsetzung verlangen. Gerne lässt man sich von Fachleuten beraten. Die Kenntnis von Hilfs- und technischen Mitteln wird erweitert, ebenso die Fähigkeit, sie anzuwenden. Was man heute als praktische Kompetenz bezeichnet, erhält hier seinen konkreten Sinn.

Das Gemeinschaftsleben auf dem Hof bietet viele Gelegenheiten zur Belustigung, es sei denn, man vermeidet jeden Humor. Wir Menschen sind sowieso ziemlich komisch, aber Tiere können das auch sein. Ob sie sich selbst komisch finden, weiß ich nicht. Dem Menschen aber führen sie mitunter seltsames Verhalten vor, das mindestens zum Schmunzeln Anlass gibt. Als genüssliches Beispiel fällt mir ein Lamm ein, das vorzugsweise nicht auf der abgezäunten Weide grasen wollte. Es schob seinen Kopf unter dem Zaun durch, um am jenseitigen Gras zu knabbern, obwohl das Gras auf seiner Weide genauso fett war. Das Lamm wandte alle Kraft auf, um auf die andere Seite zu kommen. Schließlich hatte es das geschafft. Nun aber bemerkte es die Trennung von den anderen Schafen, insbesondere von der Mutter. Also schrie es erbärmlich und bekam prompt Antwort von dieser. Irgendwann ging das Geschrei jemandem auf die Nerven. Das Lamm musste allerdings erst einmal eingefangen werden, um es dann über den Zaun zu heben. Mitunter verging dann keine Stunde, und das Theater wiederholte sich.

Die guten Aspekte des Hoflebens, die der Kraft dienen, lassen sich fortsetzen. Noch eines scheint mir auf jeden Fall erwähnenswert: Jedes Selbstmitleid hat angesichts der Verpflichtungen und Verantwortung seine Grenzen. Man kann sich durchaus mal leidtun, das ist normal.

Doch Selbstmitleid kann fordernd werden, die Kraft in sich einkapseln und aus dem Leben saugen, sodass der Mensch seine Selbstwirksamkeit aus den Augen verliert. Es wirkt sich sehr kräftigend aus, wenn Selbstmitleid in Willensanstrengung gewandelt wird. Das Leben geht ja weiter. Anders verhält es sich mit Mitgefühl. Dafür gibt es genügend Anlässe. Mit Mitgefühl soll man nicht geizen. Es lohnt sich, zwischen Mitleid und Mitgefühl zu unterscheiden.

Krisen im Leben sind nicht vermeidbar, ob sie sich eher körperlich auswirken oder seelisch. Nicht selten gehen sie einher mit Vernachlässigung der eigenen Kraftquellen. Wenn ich feststellen muss, dass ich zu wenig auf meine Kraft und ihre Quellen geachtet habe, fange ich am besten wieder von vorne an. Das ist so ähnlich wie im Monopoly-Spiel. Ich gehe zurück auf »Los«, kassiere dort die nötige Zuversicht und starte die nächste Runde, im Herzen betend, die Schöpfung möge mich hinreichend gesund halten.

Es täte vielen Menschen gut, sich über ihre Kraftquellen Gedanken zu machen. Sind sie verlässlich, sind sie stärkend oder verflüchtigt sich ihr Effekt schnell? Bin ich einseitig abhängig von Zuwendung und Bestätigung? Was tue ich für mich und mein Wohlergehen? Sorge ich für mich?

Manche Menschen sind tief berührt von der Empfehlung, besser für sich zu sorgen. Nicht selten fragen sie, »aber wie soll das gehen?« Mir erscheint es existenziell wichtig, für das eigene Leben Verantwortung zu übernehmen. Hilfreich ist ein Tagebuch, dass alleine der täglichen Erfahrung von Selbstfürsorge und Kraft gewidmet ist. Das hilft der Selbsterkenntnis und öffnet Wege zu dem eigenen, echten Selbst.

20. Der kämpferischer Gärtner

Eine Kraftquelle möchte ich gesondert beschreiben: Was im Gärtneralltag unvermeidlich erfahren wird, ist die Abhängigkeit von der Fruchtbarkeit der Erde und dem Wachstum der Pflanzen. Da kann man sich drehen und wenden, wie man will, studieren, promovieren, kluge Sätze sagen und Eindruck schinden. Am Ende haben die Erde und Pflanzen das letzte Wort. Natürlich sind Sonne, Wind und Regen ebenso entscheidend. Und der Mensch, der seinen Beitrag leistet? Er ist gewissermaßen Assistent der Fruchtbarkeit und des Gedeihens, er ist oft wie eine Hebamme, die sorgsam alles dafür tut, dass neues, gesundes Leben entsteht. Er ist ein williger Diener, der Bedürfnisse stillt. Er ist ein entschiedener Beschützer, wenn den gehegten Pflanzen Gefahr droht. Denn sie wollen leben. Und er möchte die Früchte ernten.

Darüber lässt sich diskutieren. Insbesondere über die Entschiedenheit, mit der Pflanzen gegen unwillkommene Mitesser und Tiere geschützt werden. Vom Standpunkt der Kraft erscheint mir es sinnvoll, Grenzen dort zu ziehen, wo das eigene Interesse ins Spiel kommt. In der Selbstversorgung kann man allenfalls einen Anteil der Gemüsepflanzen, Gartenfrüchte und Blumen den Mitessern zugestehen. Ich könnte nicht reichhaltig genug für den eigenen Haushalt ernten, wenn ich z.B. den Nacktschnecken erlauben würde, sich in den Beeten zu tummeln, wie es ihnen beliebt. Dasselbe gilt für die Rehe oder Feldhasen, die sich ihre Schmankerl während der Nacht abholen, falls sie nicht daran gehindert werden.

Wir können auch den Standpunkt von reiner Freundschaft und Harmonie mit allen Lebewesen einnehmen. Dann müssen wir auf reiche Ernten verzichten, ja, wir werden kaum ein Salatblatt gedeihen sehen, wenn die Bedingungen danach sind. Nacktschnecken sind nimmersatt. Des Nachts machen sie sich über alles Grüne in den Beeten her, bei Regen auch tagsüber. In den Blumenbeeten fressen sie ebenso ratzekahl, was sie gerne mögen: Margeriten, Rittersporn, Dahlien oder Sonnenblumen, die sorgsam herangezogen und ausgepflanzt wurden. Sollen wir auf sie verzichten und nur »schneckenresistente« Blumen und Stauden pflanzen?

Rehe habe ich immer gemocht. Sie sind noch Zeugen einer gewissen natürlichen Freiheit auf dem Land. Aber wenn sie in der Nähe herumstreifen, sind beispielsweise die Rosenblüten in Gefahr. Unsere Rosen lassen sie bislang in Ruhe. Aber aus unserem Bekanntenkreis höre ich Klagen über nächtliche Blütenräuberei. Das führt gar soweit, dass man auf Rosen ganz verzichtet. Im vergangenen Frühjahr taten sie sich in unserem Garten am aufblühenden Phlox gütlich. Ich hätte einen Zaun ziehen müssen, um ihnen die Grenzen aufzuzeigen. Auf dem Gemüseacker lege ich wiederverwertbare Netze aus, um die Pflanzen vor Wildfraß zu schützen. An manchen unbedeckten Ecken stelle ich bisweilen fest, dass die Wildfreunde wieder zu Besuch waren. Sie mögen beispielsweise die Kartoffelpflanzen, wenn sie schön grün und saftig sind. Mangold, Spinat und Salat munden ihnen sowieso.

Dies ist die andere Seite der Nähe zur Natur. Wir erfahren: Alle Schöpfung will leben. Der Bemühung um Nahrung entgeht kein Lebewesen. Natürlich gibt es Lebensformen, in denen mehrere Organismen voneinander profitieren. Auch vernetzte Organismen gehören dazu, wie zum Beispiel die Bakterien, Pilze, Protozoen und Spinnentiere im Erdreich. Oft aber erscheint Nahrungssicherung wie ein Kampf, wie Angriff und Verteidigung. Die Einstellung eines Kriegers ist nicht von der Hand zu weisen, wenn wir die Nahrungsinteressen aus menschlicher Sicht charakterisieren. Dieser Gedanke geht mir jedenfalls durch den Kopf angesichts der Entschiedenheit, mit der ich das schütze, was meine Familie und ich zum Leben brauchen. Für moderne Gemüter, die sich auf das kommerzielle Nahrungsangebot verlassen, mag sich das seltsam und übertrieben anhören, vielleicht sogar ein bisschen verrückt. Aber man sollte nur daran denken, ob nicht auch andere Interessen wie Karriere, Sport, Gehalt, Status, Ansehen etc. Formen des Kampfes (meist im scheinbar zivilisierten Kleid) annehmen.

Der Mensch existiert heute in einer unglaublichen Vielzahl. Es ist nur wenige tausend Jahre her, da war es nicht sicher, ob diese Spezies vom Planeten wieder verschwinden wird. Dass er sich behauptet hat, liegt nicht alleine an seiner entwickelten Intelligenz, sondern auch und besonders an seinem Kampfgeist und Lebenswillen. Hätte er diesen nicht, würde er schnell zum Opfer von Katastrophen, stärkeren Lebewesen, Epidemien, Hungersnöten, Plagen usw. werden. Kämpfen ist ein Teil von uns. Es will richtig verstanden und eingesetzt werden. Daher rührt auch die Rede vom »friedlichen Krieger«, der in erster Linie die Verantwortung für sich selbst übernimmt und seine Kraft dafür einsetzt, ein sinnvolles und erfülltes Leben zu führen. Er lässt sich seine Kraft nicht rauben, zumindest ist das seine Absicht.

Vielleicht klingt das Wort »Kampf« zu dramatisch für einen friedlichen Gärtner. Ich entlehne den Begriff nicht dem Militarismus, sondern sehe ihn als Charakterisierung einer notwendigen Haltung. Die Quellen der Nahrung zu schützen, nötigt sie mir auf. Es ist effektiver, sich dies bewusst zu machen und geeignete Wege zu finden, um dies zu verwirklichen, als zu jammern und die Schnecken anzuklagen. Klagsamkeit und Selbstmitleid führen nicht zu Kräften, die ich mir für Bewirtschaftung von Haus und Hof wünsche. Die meisten Klagen betreffen in der Tat die Nacktschnecken. Sie seien daran schuld, dass Menschen in ihrem guten Willen sehr enttäuscht würden. Das höre ich fast regelmäßig, wenn über die Schwierigkeiten des Gärtners gesprochen wird. Um ehrlich zu sein, ich habe auch geklagt. Aber es war eine Herausforderung, mit der Schneckenplage fertig zu werden. So schnell gebe ich nicht auf.

Anfänglich folgte ich den netten Ratschlägen aus der Zeitung. Ich legte Bretter aus, unter denen sich die Schnecken versteckten, sobald es Tag wurde. Als nächstes versuchte ich mit Bierfallen mein Glück. Schließlich landete ich bei der Methode »Einsammeln und weit weg bringen«. Derweil hatte ich damit begonnen, die Einsaat mit Schneckenkorn zu schützen, damit die Pflanzen wenigstens die Chance bekamen, aus dem Kindheitsstadium herauszuwachsen. Beim Einsammeln füllte ich Eimer voll mit Nacktschnecken. Ich hatte aufgehört zu zählen, es waren manchmal mehrere Kilo, wenn ich im letzten Dämmerlicht mit der Taschenlampe die Beete absuchte. Sie schienen in Massen von der umgebenden Wiese her einzuwandern. Schneckenkorn auszulegen stellt sich mittlerweile als die erfolgreichste Methode heraus. Ergänzt wird dies mit dem Absuchen der Beete am Abend, am Morgen oder bei Regenwetter. Auf diese Weise bleibt das Schneckenvolk in meinem Garten unter Kontrolle.

Mehrfach wurde mir von Gärtnerkollegen gesagt, die Mulchdecke fördere das Schneckenwachstum, da sie sich darunter leicht zurückziehen können. Dieses Argument führt auch Wolf-Dieter Storl in seinem empfehlenswerten Buch: »Der Selbstversorger: Mein Gartenjahr« an. Gleichwohl lobt auch er die fruchtbare Wirkung der Mulchmethode. Meine Erfahrungen zeigen: Wirkungsvoll ist es vor allem, das Schneckenkorn frühzeitig auszulegen, am ehesten auf die Saatreihe, die im Mulch freigelegt wird. Man muss sich klarmachen, die Schnecken wachsen mit den Pflanzen. Sie fangen ebenso klein an. Zudem sind sie nicht nur von Pflanzen abhängig. Wenn sie diese abgefressen haben, wenden sie sich anderen Materialien zu, besonders solchen, die sich in der Verrottung befinden.

Natürlich ist es schwierig, sich in die Mentalität von Menschen hineinzuversetzen, die tatsächlich und auf Gedeih und Verderb von Selbstversorgung abhängig sind. Es soll ja noch Weltgegenden geben, wo sich weit und breit kein Geschäft, kein Markt findet, in dem man gegen Geld Nahrung kaufen kann. Christa lässt mich immer wieder mal wissen, unsere Nahrungswirtschaft sei »keine echte« Selbstversorgung. Erstens kaufen wir vieles an Lebensmitteln und Zutaten ein, zweitens hätten wir es »eigentlich nicht nötig«. Klar, so kann man argumentieren. Es ist deshalb sinnvoller, von »relativer Selbstversorgung« zu sprechen. Den Begriff »Selbstversorgung« mag ich nicht aus der Hand geben, da er prägnant ist und beschreibt, was den Unterschied zu einem passiven, auf Konsum aufbauenden Leben ausmacht. Die selbstversorgende Lebensweise, auch wenn sie nicht vollständig sein kann, prägt den Menschen nachhaltig.

21. Oh je – Wühlmäuse!

Als ich das Land für den Gemüseanbau urbar machte, hatte ich keine Ahnung vom Tierleben unter der Erdoberfläche. In den ersten Jahren registrierte ich mit meinen Händen einige hohle Gänge in den Beeten. Ich schaufelte sie einfach zu, in der naiven Erwartung, die Mäuse würden dieser Geste entnehmen, sie sollten die Beete in Frieden lassen. Bald wiesen manche Möhren und Kartoffeln Fressstellen auf. Wir ernteten immer noch reichlich gesunde Möhren und Kartoffeln. Im Herbst fiel jedoch auf, dass die Mehrzahl der Endivien schlapp machte und ihren breit und dicht gewachsenen Kopf hängen ließ. Man konnte sie ohne Widerstand vom Boden nehmen. Sie waren ihrer Wurzeln beraubt. Damals begann meine Sorge, wie ich der Wühlmäuse Herr werden könnte. Einem Freund, mit dem ich den Garten inspizierte, sagte ich hoffnungsvoll, die Mäuseplage wäre nur eine vorübergehende Erscheinung. Früher oder später würden die Tiere auf natürliche Weise dezimiert.

Die Natur schaffe von selbst den Ausgleich. Wenn die Population ihren Zenit erreiche, breche sie zusammen. Dafür würden Mäuse-Krankheiten sorgen. So etwas Ähnliches hatte ich in einer Fachzeitschrift gelesen.

Im nächsten Jahr war die Ernte der Möhren erschreckend armselig, gerade mal ausreichend, um uns für den Winter zu bevorraten. Ähnlich erging es den Kartoffeln, die Hälfte von ihnen war an- oder aufgefressen. Nicht nur die Herbstsalate tendierten zu einem Häuflein Elend. Schon die sommerlichen Kopfsalate wurden einer nach dem anderen von den Mäusen erlegt. Immerhin konnten wir ausreichend von Pflücksalaten leben. Die Freude am Gemüsegarten war aber eindeutig getrübt. Innerlich beschwor ich den Zusammenbruch des Mäusevolkes und redete mir ein, früher oder später müsste er kommen. Meine Einstellung sei im Übrigen ökologisch sinnvoll. Das verlieh mir vorläufig inneren Frieden.

Im Jahr darauf knabberten die unterirdischen Freunde nicht nur an den Kartoffeln und Möhren, sondern auch an der Roten Beete und dem Knollensellerie. Von letzterem ernteten wir sage und schreibe nur drei Exemplare. Immerhin waren sie so dick, dass sich die Bevorratung lohnte. Dem Knollensellerie sieht man äußerlich nicht an, dass er nach dem Mäusefraß nurmehr aus einer oberflächlichen Scheibe besteht. Sein üppiges Grün wächst weiter und tut so, als sei es die Spitze einer prächtigen Frucht. Ich war wirklich bedient. Doch aufgeben wollte ich nicht,, nun schon gar nicht. Noch beschwor ich den Glauben, es werde wieder Jahre geben, in denen etwas mit den Mäusen passieren muss.

Tatsächlich verringerte sich im Folgejahr der Mäusefraß drastisch, schaukelte sich aber bald wieder auf. So gewöhnte ich mich an den Gedanken, dies sei der Lauf der Dinge im gärtnerischen Gemüseanbau.

Bis ich auf einen Tipp traf, der bislang alles, was die Wühlmäuse anbelangt, veränderte. Versteckt im Nebensatz eines Gärtnerartikels wurde angedeutet, Knoblauchzehen könnten Mäuse vertreiben. Leider weiß ich nicht mehr sicher, wo ich das gelesen hatte. Knoblauch als Mäuseschreck erschien mir nicht glaubwürdig, dennoch wollte ich es mal damit versuchen. Bewaffnet mit einer dicken spanischen Knoblauchzwiebel ging ich zum Salatbeet und steckte der Länge nach Zehe für Zehe in die Erde. Der Rede kurzer Sinn: Alle jungen Salatköpfe überlebten in den folgenden zwei Wochen. Noch immer blieb ich skeptisch, vielleicht waren die Mäuse einfach nicht in dem betreffenden Beet gelandet und woanders ausreichend versorgt. Auf einem anderen Salatbeet kündigte sich Mäusefraß an. Nun wollte ich den exakten Beweis erbringen, ob Knoblauch ein vertrauenswürdiger Verbündeter sein kann. Neben die verbliebenen Köpfe legte ich jeweils eine Zehe in die Erde und wartete ab. Am nächsten

Morgen müsste eigentlich der nächste Kopf seine Blätter hängen lassen. Das passierte nicht. Ich begann zu hoffen.

In der Tat, bislang handelt es sich um ein Happy End - was den Gemüsegarten betrifft. Alle Beete werden nun ständig mit Knoblauchzehen bestückt, auch im Winter. Marie-Luise Kreuter empfiehlt in ihrem bekannten Buch »Der Biogarten«, Wühlmäuse mit Pflanzenteilen abzuhalten, die diese nicht mögen, z.B. mit Thujazweigen, Nussbaumblättern und Knoblauchzehen. Sie sollten direkt in die Gänge gelegt werden. Allerdings könnten Mäuse auf diese Weise nicht konsequent ferngehalten werden, befindet Kreuter. Vorläufig bin ich zufrieden mit meinem Erfolg. Falls er nachlässt, werde ich mich mit leeren Flaschen wehren. So handhabten es die Hausfrauen in früheren Zeiten. Sie gruben diese schräg in die Beete. Der Wind erzeugt in den Flaschen ein Geräusch, das die ungebetenen Tiere abschreckt.

Die vorläufige Befreiung meiner Beete von der Mäuseplage zeitigte eine unschöne Nebenwirkung: Bald fand ein turbulentes Leben in den angrenzenden Wiesenflächen statt. Mittlerweile, wir sind im dritten Jahr nach der Knoblauch-Wende, breitet sich eine moorschwarz gewürfelte Wiese aus, ähnlich einer Kraterlandschaft, bis in Regionen, die vorher höchstens mal von Maulwürfen besucht wurden, ansonsten aber noch relativ ebene Flächen aufwiesen. Rasen-Ästheten würden die Haare zu Berge stehen. Wir holen immer noch Informationen und Ratschläge ein, wie wir die Mäuse davon überzeugen können, dass sie sich woanders tummeln sollten. Man rät uns etwa, die Tierchen mit Giftködern in den Tod zu treiben. Wenn sie denn anbeißen, müsste ich ganz praktisch einschränken. Jede Methode kann Sinn machen. Man muss probieren. Wenn ich den Mäusen aber zuhöre, klagen sie: »Wo können wir leben? Dahinten unter dem platt gewalzten Feld würdest du auch nicht leben wollen!« Darin muss ich ihnen recht geben.

22. Aussaattage

»Glaubst du immer noch daran?« Diese Frage wiederholte Christa Jahr für Jahr, wenn ich das Heftchen mit dem Titel »Aussaattage« von Maria Thun bestellte. Ich weiß nicht mehr, wie ich dazu kam, die Aussaaten und Pflanzungen nach den astrologischen Berechnungen Maria Thuns und ihrer Nachfolger zu tätigen. Im Nachhinein erkläre ich mir den Glauben an diese Empfehlungen mit meiner Unsicherheit, wann was in die Erde eingebracht werden soll. Irgendwie braucht der Mensch eine Handhabe, eine Orientierung. »Im Märzen der Bauer die Rösslein anspannt. Er setzt seine Felder und Wiesen instand.« Das ist doch auch eine Regelung, obwohl sie im Gesang daherkommt. Vielleicht spielte es auch eine Rolle, dass ich dem Universum, den Sternen und dem Mond, alles Mögliche zutraue. Wenn wir ehrlich sind, können wir doch nicht behaupten, der Mittelpunkt von allem zu sein. Wir sind ja nicht mehr im Mittelalter. Obwohl manche seltsamen Phänomene aus jüngerer Zeit an die Kriegsreligiosität des Mittelalters erinnern.

Von Sternen verstehe ich nichts. Vom Mond weiß ich, dass er auf die Gezeiten nachweisbar und folgenreich Einfluss nimmt. Frauen haben mir erklärt, sie ließen sich nur bei zunehmendem Mond die Haare schneiden, weil sie dann schneller und kräftiger wachsen würden. Und Frau Thun sagte klipp und klar, Pflanzungen nur bei zunehmendem Mond vorzunehmen, da dies die Einwurzelung und das Wurzelwachstum fördere. Das glaube ich ihr und folge der Empfehlung. Bisher kann ich mich nicht über mangelndem Erfolg beklagen. Tatsächlich hatte ich dies mit einem Selbstversuch »beweisen« können. Ich pflanzte vorgezogenen Salat während des zunehmenden Mondes und bald nach

Vollmond. Nur wenige Tage lagen dazwischen. Dennoch war der Unterschied im Wachstum der Salate frappierend. Dies kann nicht alleine am unterschiedlichen Pflanzungstermin gelegen haben.

Ich versuchte, Misserfolge mit dieser Erkenntnis in Zusammenhang zu bringen. Aber sie lassen sich eher auf andere Ursachen zurückführen.

Zum Beispiel die Kohlgewächse: Sie werden in guter Erde vorgezogen und dann in die Beete ausgepflanzt. Und was geschah mit dem Kohlrabi? Er kümmerte vor sich hin und nur drei Pflanzen wuchsen stattlich heran, dann aber gleich riesig. Das tröstete mich nicht über die Trostlosigkeit der anderen Kohlrabi und deren zu Knoten und Klumpen verkümmerten Wurzeln hinweg. Die Kohlhernie hatte die Beete heimgesucht, eine ganz miese Pilzerkrankung. Sie verdirbt einem die Laune. Glaubt man den kompetenten Ratgebern, bleiben die Pilzsporen jahrelang in der Erde. Da hilft nur Fruchtwechsel. Aber den halte ich mit der Dreifelderwirtschaft sowieso ein. Die verunglückten Pflanzen sollen »vernichtet« werden, sagt mir ein Ratschlag. Gut, dann ab in die Mülltonne. Den Boden lockern - kein Problem. Das Pflanzloch mit Algenkalk ausstreuen, bevor der Setzling in die Erde kommt, das ist eine gute Idee. Die Setzlinge in ein Beet geben, wo zuvor Zwiebeln und Lauch gewachsen waren, auch gut. Wenn die Pflanze gedeiht, werde ich sie mit Ackerschachtelhalm-Tee (fünf- bis zehnfach verdünnt) besprühen. (Das mache ich schon seit vielen Jahren bei den Kartoffelpflanzen und den Möhren.) Ausprobieren ist des Gärtners Studium.

Ob die Pilzerkrankungen auch von astrologischen Gesetzen dirigiert werden? Vielleicht hätte Frau Thun darauf eine sternenkundige Antwort. Was uns Menschen betrifft, erscheint die Erklärung sinnvoller, die unsere Nahrung, deren Herkunft und chemische Zusätze betrifft. Die Süßigkeiten sind nicht zu vergessen, vor allem deren Zuckermengen, die ein Schleckermäulchen zu sich nimmt. Zucker, das weiß man ja, kann Pilzkulturen im Körper zu Tyrannen befördern.

Mit astrologischen Vorgaben, die auf Grund von Sternen-Konstellationen erstellt werden, habe ich kaum schlechte Erfahrungen gemacht. Aber das ist kein Beweis. Die Saat hätte auch so aufgehen, die eingebrachten Pflanzen hätten sowieso wachsen können. Maria Thun hat in ihren Heftchen immer wieder Beweise liefern wollen mit Vergleichsstudien auf ihren Feldern und photographischen Nachweisen: astrologisch berechnete gegen astrologisch unabhängige Aussaaten. Fast schon so eine Art Doppelblind-Studie, möchte man glauben. Auf den Fotos sieht das danach aus, als hätte die Astrologie recht. Dennoch ist es für mich eine Glaubensfrage geworden, wobei der Einfluss des Mondes ernsthafter zu bewerten ist.

Imker glauben an den Mondeinfluss auf ihre Bienen, ihre Bruttätigkeit, ihr Temperament oder auf die Produktion von Honig. An Tagen beispielsweise, an denen der Mond die Sternenbilder von Skorpion, Fische und Krebs durchläuft, seien die Bienen unruhig und stechlustig, wird behauptet. Währenddessen verhielten sie sich ruhig und pflegeleicht unter dem Einfluss von Löwe, Schütze und Widder. Diese Tage fördern angeblich auch den Honigertrag.

Mein Neffe David und seine Frau Catarina, beide studierte Önologen, hatten 2015 eine kontrollierte Studie über den Zusammenhang von Traubenwachstum und Mondphasen durchgeführt. Mit einer Art Crowdfunding sammelten sie in der Verwandtschaft und bei Interessierten Geld, um dies zu finanzieren. Für das Experiment wurden ein paar »Dendrometer« angeschafft. Ein Dendrometer ist ein Gerät, das kleinste Unterschiede im Umfang einer Traube im 30-Minuten Takt messen kann. Die Dendrometer wurden an einige Trauben angelegt. Auf diese Weise wurde deren Ausdehnung zwei Monate lang gemessen.

Die Ergebnisse verglichen die Untersucher mit den Mondphasen. Und was kam heraus? »Kurz gesagt ist kein messbares Ergebnis bei dem Experiment herausgekommen. Leider.« So lautete Davids Mitteilung auf meine Anfrage. »Zwei Sachen passieren dennoch mit Bezug auf Mondphasen«, erläuterte er weiter. »Eine ist eine nächtliche Photosynthese und damit verbundene deutlich erhöhte physiologische Aktivität bei vollerem Mond. Das hängt recht sicher mit dem Mondlicht zusammen. Die andere ist mehr empirisch experimentell beobachtet worden: Hefen spielen bei Vollmond verrückt, vermehren sich wesentlich rascher, führen zu Gärfass-Überläufen etc. Das hat recht sicher nichts mit dem Mondlicht zu tun, da dies auch in tiefen, vom Außenlicht abgeschirmten Kellern beobachtet werden kann.«

Die astrologischen Anweisungen für die Aussaat sind bekanntlich unterschieden in Wurzel-, Blatt-, Blüten- und Fruchtzeiten. Dabei handelt es sich meist um Tage, für die die jeweilige Aussaat empfohlen wird, aber bisweilen auch nur um halbe Tage oder ein paar Stunden. Wenn es sich um komplette Tage handelt, gar um zwei oder drei an einem Stück, habe ich mehr Vertrauen in die Vorhersage. Da scheint sich irgendwie eine Sternenkraft zu konstellieren, die wohl etwas bewirken kann. Aber bei halben Tagen? Vielleicht wird da zu viel gerechnet. Aber wenn es Zeit wird, eine Saat einzubringen und nicht gezögert werden soll, habe ich auch solchen Empfehlungen vertraut. Beispielsweise für die Saat der Radieschen. Um so lange und durchgängig wie möglich Radieschen auf den Tisch zu bringen, muss man alle zwei bis drei Wochen einsäen. Das sind Früchte, die nur wenig mehr als zwei Wochen frisch, saftig und knackig schmecken. Abhängig von der Sorte kann das Blattwerk sehr üppig ausfallen. Der Stickstoff im Boden spielt auch eine Rolle, und natürlich die Sonneneinstrahlung. Dennoch hege ich den Verdacht, dass die angeratenen Aussaattermine nicht immer richtig sind. Irgendwie kommen Sterneneinflüsse zu Gunsten des Blätterwachstums dazwischen. Zumindest ist es nicht erfreulich, wenn entgegen der Empfehlung der Eindruck entsteht, hier wächst eher ein Pseudosalat anstatt der erwünschten Radieschen.

In einem Punkt habe ich den Gemüseastrologen ganz sicher Unrecht getan: Im vergangenen Jahr (2017) gedieh der Mangold herzhaft, gleichmäßig und kaum ohne Schusszwang,, das heißt, nichts nötigte die Pflanzen, zu schießen und schon vor dem Auswachsen in den Blütenstand zu wechseln. Im vorherigen Jahr (2016) musste ich alle paar Tage die schießenden Triebe beschneiden, damit das Blattwerk ausreichend Kraft bekam. Dabei hatte ich natürlich den Mangold an einem »Blatttag« ausgesät. Damals schimpfte ich auf die Märchen der Astrologie und insbesondere der Maria Thun.

Bis mir die Erleuchtung gewährt wurde. Die Sonne war schuld, sie schien doppelt und dreimal so häufig (und bisweilen so stark) wie im nachfolgenden Jahr, das so viel Regen bekommen hatte wie schon lange nicht mehr. Aber ein kleiner Zweifel blieb trotzdem hängen. Vielleicht hatte einer dieser geheimnisvollen Himmelskörper, dessen Einfluss wir unter Kontrolle bringen wollen, zur Unzeit seine Blütenimpulse verbreitet. Der Zweifel führte dazu, dass ich erstmals auf das Maria-Thun-Heftchen verzichtete. Stattdessen hielt ich mich an die Information über die »Biodynamischen Aussaattage«, die im Internet angeboten werden. Christa wunderte sich und lächelte vielsagend. Offenbar sah sie mich auf dem Wege zu etwas weniger Aberglauben.

23. Landleben, Kinder und Enkel

Ein bisschen »Landblut« muss in einem Menschen fließen, wenn er nicht nur zum Wochenende mal auf's Land fährt, sondern richtig auf dem Land leben will. Kinder hängen am Kreislauf ihrer Eltern und Großeltern. Läuft dieser rund und enthält er genug Sauerstoff, greift das auf die Kinder über. Kinder können sich auf dem Land sehr wohl fühlen, Spaß haben und auf viele Spielideen kommen. Um sich zu dieser Perspektive zu bekennen, müssen die Erwachsenen aber mit heftigen Veränderungen klarkommen, die mittlerweile das Leben auf dem Land erfasst haben. Man muss schon ein bisschen dickköpfig sein, um sich mit eigenen Ideen angesichts der Strukturveränderungen zu behaupten.

Auf dem Land existiert kaum mehr das »Bullerbü«, das Astrid Lindgren in ihrem berühmten, gleichnamigen Kinderbuch beschrieben hatte. Im Kleinen jedoch, auf einer ausreichend bemessenen Hofstelle, der vielleicht andere Höfe mit Gleichgesinnten verbunden sind, lässt sich durchaus eine Welt erschaffen, die Bullerbü-Charakter hat. Mancherorts sind ähnliche Verhältnisse anzutreffen. Junge Menschen sind aus der Großstadt ausgezogen und besiedeln verlassene Häuser und Höfe. Ihre Kinder haben ganz andere Möglichkeiten zum Spielen als die in Wohnungen eingekapselten Gleichaltrigen, die das Leben nur in städtischer Weise kennenlernen.

Doch will ich nicht romantisieren und die Realität verschleiern. Ein bisschen Romantik – ja sicher, das mag es geben. Aber Klagen über die Ödnis des Landlebens sind berechtigt. Außerhalb der Städte kann es einem mitunter deprimierend erscheinen, wie verlassen die Dörfer und Siedlungen wirken. Aus Erzählungen der Dorfbewohner wissen wir, dass auf fast jedem Hof mehrere

Kinder lebten. Wenn die Hausaufgaben beendet waren und ihre Mithilfe im Stall oder im Garten nicht mehr benötigt wurde, liefen sie auf die Straße und spielten gemeinsam mit den Nachbarkindern. Heute werden in unserem Dorf immer weniger Kinder geboren. Nur selten sehen wir sie alleine oder zu zweit in den Gärten, im Sandkasten oder auf einem Kettcar sitzend. Mütter oder Väter müssen sie zu entfernt wohnenden Spielkameraden oder Sport- und Musikterminen fahren, später auch noch abends oder nachts in die Disko, und von dort wieder abholen. Das ist der Zeitpunkt, an dem viele Jugendlichen das Leben in der Stadt vorziehen würden.

Je weiter man von Gemeinden entfernt ist, die zumindest ein kommerzielles Zentrum bilden, desto einsamer können ländliche Gegenden auf Menschen wirken, die alltäglichen Trubel gewöhnt sind. »Hier ist der Hund begraben« oder »hier möchte ich nicht tot überm Zaun hängen«, würde man sagen. Aber Einsamkeit ist kein typisches Merkmal für das Landleben, jedenfalls nicht im Kontrast zum Dasein in der Stadt. Dort existieren genauso vereinsamte Menschen. Das Landleben hat durch die Verarmung der Infrastruktur immens gelitten. Und hier liegt der Hase im Pfeffer: kaum mehr Geschäfte für den täglichen Bedarf, offene Arzt- und Therapiepraxen werden nicht mehr besetzt, Schulbusse fahren die Kinder kilometerweit durch die Gegend und Pastoren besuchen nur selten die kleinen Gemeinden, wenn überhaupt. Die Unterhaltung läuft in vier Wänden ab vor dem TV-Gerät, dem Computer, dem Videospiel. Einzig Vereine, Feuerwehr und Jugendtreffs erhalten noch die Chance auf Gemeinsamkeit.

In den vergangenen zwanzig bis dreißig Jahren hat sich die Verödung schleichend eingestellt. Den Dörfern wurde durch Gebietsreformen ihre Souveränität genommen. Sie wurden ihrer Verwaltung und Schulen beraubt. Die Geschäfte, meist familiär betriebene Läden, zogen sich angesichts der aufgeblasenen Supermärkte zurück. Sie liegen zwar kilometerweit weg. Aber das ändert kaum etwas. Und die landwirtschaftlichen Betriebe haben nur mit halsbrecherischen Investitionen Zukunftsaussicht. Wer noch Landwirtschaft betreiben will, muss sich zum Großbauern aufputzen. Wen interessieren da Kinder?

Diese Sichtweise kann man als »zurückgeblieben« und »nostalgisch« bezeichnen. Aber wir haben mit dem Verlust des einstigen Landlebens eine ganze Kultur verloren. Und das ist anscheinend nur noch wenigen bewusst. Stattdessen liegen Zeitschriften mit dem Begriff »Land« als begrifflicher Aufhänger in den Regalen und wollen suggerieren, das »Land« gebe es noch. Als biete es eine Konstanz, die allem Fortschritt und jeder Modernisierung trotzen könne. Doch spätestens die riesigen, voll klimatisierten, schallgedämmten und rasenden Traktoren mit ihren monsterhaften Ackergeräten lehren uns: Hier lebt nurmehr landwirtschaftliche Industrie. Eine riesige, über tausende Hektar gebreitete Industrieanlage. Die Kinder, die hier geboren werden und aufwachsen, bekommen zum Geburtstag und zu Weihnachten Spielgeräte geschenkt, die die Industrialisierung im Kleinen widerspiegeln: Traktoren mit Anhänger, Güllefass, Spritzgerät usw.

Aber versteckt in den Möglichkeiten, die landliebende Menschen erhoffen, können bessere Perspektiven existieren. Denn der Wunsch nach kreativem und naturnahem Leben wird weiterhin auftauchen und anziehend wirken. Ich kann das an meinen Enkeln beobachten, sozusagen im Entstehungsstadium. Sie kommen gerne zu Besuch und genießen den Freiraum, den unsere Hofstelle zu bieten hat. Im kleinen Rahmen lässt sich zeitweise verdrängen, was ich kritisch beschrieben habe. Kinder, die aufs Land zu Besuch kommen, bemerken nicht, was im Großen passiert. Es ist ja der Bauernhof von Oma und Opa. Kinder haben einen unbekümmerten Blick, sind neugierig, manchmal furchtsam. Dieses weite Land wirkt zuerst fremd, auch der große Garten, die Scheune mit den riesigen Toren. Aber sie gewöhnen sich daran und beobachten die Erwachsenen. Wenn diese ihr Leben nahe den Wiesen, Feldern und Wäldern mögen und tatenfroh sind, wächst das Vertrauen. Es wird unvergesslich bleiben, die Großeltern zu besuchen und ihre Welt zu teilen.

Eine schöne Erinnerung tut sich mir auf: Wir, meine Brüder und ich, waren mit unseren Eltern auf Urlaubsfahrt. Ein Besuch war vereinbart, bei den Kusinen meiner Mutter im Allgäu, in der Nähe von Schongau. Sie bewirtschafteten den elterlichen Bauernhof, einen kleinen Betrieb mit ein paar Kühen, Weide- und Heuflächen und einem Gemüsegarten. Sie hatten nicht geheiratet und freuten sich sehr über uns und die Abwechslung, die wir in ihr einfaches, beständiges Leben brachten. Ich glaube, erstmals in meinem Leben Windbeutel gegessen zu haben, Butterteigstückchen mit viel Sahnefüllung. Seither kann ich Windbeutel nicht liegen lassen, falls mir welche angeboten werden. Aber sie sind wohl aus der Mode gekommen. Während unsere Eltern mit der älteren Kusine im Haus blieben, liefen wir mit der jüngeren, stämmigeren auf die Weide, um beim Heimführen der Kühe dabei zu sein. Sie wurden sanft, aber bestimmt mit einem Stock angetrieben. Gemächlich trotteten sie zum Stall hin. Dort wurden sie festgebunden und bekamen noch etwas Heu hingeworfen. Dann setzte sich die Bäuerin auf einen Schemel, stellte den Eimer unter das Euter und begann mit der Hand zu melken. Sie machte sichere Bewegungen, beruhigte die Kuh, derweil die Milch stoßweise in den Eimer schoss. Wir schauten zu. Dann, in die einfache Wohnküche zurückgekehrt, tranken wir von der gerade gemolkenen Milch. Diese Bilder blieben in mir bis zum heutigen Tag.

Ähnliches wiederholte sich, als wir als junge Familie zwischenzeitlich am Rand einer Kleinstadt wohnten. Am Feierabend fuhr ich mit unseren Kindern, damals war der Jüngste noch nicht geboren, zum nahegelegenen Bauernhof, einem Aussiedlerhof mitten in den Feldern gelegen, wo wir der Bäuerin bei der Arbeit zuschauten und warteten, dass sie mal aufblickte. Dann hielt ich ihr die Kanne hin, die sie mit der gerade gemolkenen Milch auffüllte. Kaum ein Wort wurde gewechselt. »N'Abend« vielleicht. Dann ging sie robust wieder an die Arbeit. Zuhause gab es ein Glas frische Milch, noch lauwarm, direkt von der Kuh. Später, als wir unseren Hof im Teufelsmoor bezogen hatten, gingen wir zum Übernachbarn, um dort unsere Milchkanne füllen zu lassen. Der Hund lief schwanzwedelnd herum. Die Kühe, die alle noch einen Namen hatten, wurden gerade gemolken, nun natürlich mit elektrischen Melkgeräten, ein paar freundliche Worte wurden gewechselt. Im Frühjahr wurden die Kühe auf die Weide verbracht, die an unser Anwesen grenzte. Dort melkten die Nachbarn ihre Kühe mit einem beweglichen Melkstand. Wir stellten Abend für Abend unsere Kanne vor die Tür und holten sie später gefüllt wieder ins Haus.

So wuchsen unser Kinder auf. Ob so etwas heute noch möglich ist?

Nun beobachte ich, wie unsere Enkel auf die Gegebenheiten unseres Hofs reagieren, denn zweifellos hat das Hofleben eine eigene Qualität zu bieten. Kaum sind sie mit ihren Eltern angekommen und aus dem Auto gestiegen, fragen sie nach den Hühnern. Haben sie schon ein Ei gelegt? Und der Kater wird gesichtet. Die Kinder zeigen auf ihn, wollen ihn streicheln. Der Kater, Pablo ist sein Name, weiß nicht so recht. Er zögert, schaut misstrauisch auf die Invasion und läuft ins Gebüsch. Später wird er wieder auftauchen. Er hat ja Hunger. Im Wohnzimmer will er zur Terrassentür hinausgelassen werden. Die Kinder wollen ihn streicheln. Ganz vorsichtig, nicht so hektisch, dann kriegt er Angst, sage ich, und zeige, wie Pablo das Streicheln akzeptiert. Aber dann will Pablo doch hinaus. Morgen vielleicht, morgen hat er mehr Vertrauen, tröstet Christa, die Oma.

Hätten wir noch die Schafe und die Pferde, die früher bei uns lebten, wäre die Nostalgie in Realität verwandelt. Sogar Erwachsene wären für eine Weile davon angerührt, zumal solche aus den Ballungszentren.

Meine Enkel gewähren mir einen Sonderbonus, da ich den Trecker fahre, so ein lautes, großes Gefährt, das richtig kräftig ausschaut. Es ist ein gut vierzig Jahre alter »International 933«, ein verlässliches, robustes Wesen, das schon viele Runden gedreht hat, um Gras zu mähen und zu verteilen, zu schwadern und zu pressen, wenn es trocken genug ist. So haben es unsere Kinder kennengelernt, die jetzt längst erwachsen sind und eigene Kinder großziehen. Anrührend ist es zu beobachten, wie unser ältester Sohn seine kleinen Söhne mit dem Trecker spazieren fährt, so wie einst sein Vater mit ihm und seinen Geschwistern unterwegs war.

Kürzlich erinnerte sich unsere Tochter daran, wie sie und ihr älterer Bruder mitfuhren. Es war eine größere Strecke in ein benachbartes Dorf, wo wir zusammen Brennholz sammelten und nach Hause brachten. Wie sich herausstellte, taugte das Holz wenig, es waren Bretter und Latten, altes Zeug aus einer Scheune. Aber wir hatten das zusammen geschafft, meine zwei Ältesten, die damals die Grundschule besuchten, und ich. Bald darauf halfen sie erstmals beim Heuen mit, rückten die Heuballen auf dem Anhänger zurecht und später auf dem Heuboden, wohin ich die Ballen mit der Forke hochdrückte. Christa und unser Jüngster schoben sie mir zu, eine Familienaktion. Ich sehe alle noch vor mir. Die Kinder oben auf dem Heuboden, schwitzend, rufend, motiviert. Mann, war ich stolz! Christa und ich im bäuerlichen Verbund. Und der Kleine wuselte herum, tat auch, was er meinte tun zu können. Dann feierten wir mit großen Portionen Speiseeis.

Ich kann es empfehlen, das Landleben, aber man muss sich einrichten. Man muss wissen, wofür es gut sein soll. Von selbst ist das deutsche Land oft nicht gastfreundlich. Da muss man sich einleben. Den Nachbarn kann man durchaus vertrauen. Bislang erlebe ich sie so, dass das Verhältnis gut ist. Ich kann zupacken, kann helfen, meine Nachbarn können das auch.

Unsere Kinder sind längst ausgezogen, leben aus Gründen der Liebe oder des Berufs weit weg. Diese Gründe verhindern auch, dass sie eine Übernahme unseres Hofs in Erwägung ziehen. Schade, traurig. Es ist ein idyllischer Hof, ruhig, mit freiem Blick über Wiesen und Felder, von einem Wäldchen eingerahmt. Die zwei älteren Enkel, zehn und sieben Jahre alt, kommen demnächst wieder mit ihrer Mutter, unserer Tochter. Sie freuen sich schon darauf, lassen sie uns per Handy wissen. Es wird wieder sehr lebendig werden, manchmal auch anstrengend. Und bald darauf werden unser älterer Sohn mit Frau und Kindern eintreffen. Sie holen dann die beiden Strampel-Trecker mit dem Anhänger aus der Scheune und transportieren was auch immer von hier nach dort.

Ich mache mir keine Illusionen, was aus dem Landleben mal wird. Das entscheiden die jeweils aktuellen Generationen. Das Land, so scheint es mir, liegt vor unseren Füßen und wartet auf Wiederbelebung. Diejenigen, die dort wohnen, werden von den Menschen aus den Ballungsräumen als »Abgehängte« bedauert. Und pflichtschuldig bedauern sie sich selbst. Von ihnen geht zu wenig Kraft aus. Mein Gott, was ist aus den selbstbewussten Bauern geworden! Einst hatten sie im Stedinger Land hundert Jahre lang dem Bremer Bischof und seinen Schergen getrotzt und sich selbst bestimmt.

Geht aufs Land, mag ich allen Mutigen zurufen. Wer sich traut und Sehnsucht spürt, ein Leben mit eigener Kraft aufzubauen, geht in hintere Ecken, lässt sich nicht beirren. Gemeinschaften können entstehen, Genossenschaften, die selbständig wirtschaften und wiederum andere anziehen. Fragt nicht nur nach der Infrastruktur, nach den öffentlichen Versorgern, nach all den Einrichtungen, Praxen und Dienstleistern, die uns sowohl helfen als auch die Selbständigkeit wegnehmen. Fragt nach Freiräumen, um etwas aufbauen zu können. Fragt nach natürlichen Lebensbedingungen. Kinder könnten es hier gut haben, hätten viel Platz zum Spielen, wüssten einiges über Tiere und können sie lieb haben. Dafür braucht es aber Eltern, die sich mit dem bäuerlichen Landleben guten Herzens anfreunden können.

Das Land braucht dringend menschliche Auffrischung, neue Ideen, selbstbewusste, kraftvolle Menschen, die, wie es heute heißt, »ihr Ding« machen wollen. Genug Platz ist da. Und die Kinder? Ja, was ist wichtiger, als unseren Kindern eine lebensfreundliche Welt anzubieten? Das kann nur – und heute erst recht – funktionieren, wenn wir die entsprechenden Freiräume auftun.

24. Überraschende Gäste

Vorerst betrachte ich sie als Gäste. Ich weiß ja nicht, ob ich ein hinreichend guter Gastgeber bin und sie bleiben wollen. Wir teilen uns das Revier erst seit vier Monaten. Entsprechende Kleidung, die ihrer Pflege und meinem Schutz gerecht sein soll, habe ich mir schon besorgt. Die Gäste bekamen auch ordentlich Nahrung, damit sie nicht hungern und den Winter bestehen können. Man wird sehen. Es wird sich zeigen, sobald die ersten Sonnentage das Land erwärmen und sie hervorlocken. Sie, die Bienen.

Gute Freunde, Madita und Eckart, fragten im letzten Sommer, ob ich Lust hätte zum Imkern. Sie hätten zwei Völker zu verschenken und an mich dabei gedacht, da ich nach ihrer Ansicht mit Bienen etwas anfangen könnte. Das war viel der Ehre. Aber erschrocken war ich auch, denn das würde noch mehr Arbeit bedeuten. Als ich das Angebot überdachte, fiel mir auf: Ich musste eine Linie überqueren, eine Linie, die mit Angst vor Fehlern und vor Verantwortung zu tun hatte. Mit Tieren auf dem Hof kannte ich mich einigermaßen aus. Aber mit Bienen?

Erstmals erlebe ich mich auf unsicherem Terrain. Denn es handelt sich um Lebewesen, die ihren eigenen Kopf haben und zudem schwierigen Bedingungen gerecht werden müssen. Ein Mensch, der gewöhnt ist, die Kontrolle zu behalten, wird mit ihrer Hilfe dazulernen. Er wird womöglich alles Erdenkliche und Methodische versuchen, Kurse belegen, kostspielige Anschaffungen machen und mit Argusaugen die Bienenstöcke beobachten. Aber dann, im Juli vielleicht, fliegt ihm die Hälfte mit der Königin weg und er kann sehen, wo der Schwarm geblieben ist. Oder am Ende des Winters ist die Beute leer. Wurde sie von dem Volk verlassen? Ist die Beute ausgeraubt worden? Möglichkeiten, die mir echt zu denken geben.

Ich schreibe also nicht aus praktischer Erfahrung, sondern mehr mit skeptischer Erwartung. Zugleich hege ich die Überzeugung, das Leben der Bienen muss gefördert werden. Muss, weil es nicht gut aussieht um ihre Existenz. In ihrem Buch »Bienen Basics« schreiben Sandra und Armin Bielmeier einleitend: »Ohne die Unterstützung des Menschen ist die Honigbiene mittlerweile nicht mehr überlebensfähig«. Das sich ausbreitende Insektensterben betrifft auch die Bienen. Ohne die Aktivität des fliegenden Volkes werden viele Pflanzen nicht mehr bestäubt. Das hat einschneidende Folgen für unsere Nahrung: »Ohne Bienen würden Obst, Kräuter und vieles mehr nach und nach von unserem Speiseplan verschwinden.« Darüber hinaus sorgen Bienen als Bestäuber für die Erhaltung von Biotopen, die wiederum zugehörigen Tieren Lebensraum und Nahrung gewähren. Auch die Landwirtschaft profitiert durch ihre Arbeit. Wiesenblumen, die den grasenden Kühen bei der Verdauung helfen, sind auf Bienen angewiesen.

Mein jüngerer Bruder ließ mich vor einigen Jahren begeistert wissen, er habe mit dem Imkern angefangen. Seither schenkt er uns einmal im Jahr zu Weihnachten ein Glas des gewonnenen Honigs. Er schmeckt fabelhaft. Wie mein Bruder erklärte, nahm er damit das Erbe unseres Großvaters in die Hand. Opa, der Vater unserer Mutter, entstammte einer Allgäuer Bauernfamilie. Er hatte seine Frau in Augsburg kennengelernt, wo er lange lebte. Seine Frau, die Mutter unserer Mutter, war leider früh verstorben. Mutter hatte ihren Vater überredet, bei uns zu leben, fernab seiner Heimat. Das war nicht leicht für ihn. Aber er wurde alt und brauchte geregelte Versorgung. Das Bienenhaus, das am Rande des Grundstücks errichtet wurde, half ihm, sich einzurichten. Für mein Gefühl ernteten wir große Mengen Honig. Ich half beim Schleudern. Ein großer Kessel aus Edelstahl stand im Keller. Mit einer speziellen Gabel wurde vorsichtig die Wachshaut über dem Honig entfernt. Die Rahmen wurden gleichmäßig im Kessel verteilt. Dann durfte ich an der Kurbel drehen, die den Kessel in schnelle Bewegung brachte. Die Fliehkräfte wirkten auf den Honig in den Waben. Er flog förmlich an die Kesselwand, wo er hinunter lief und sich auf dem Boden sammelte. Durch eine Öffnung konnte er in einen Behälter fließen, auf dem ein Honigsieb lag. Das fing Verunreinigungen auf. Alle diese Vorgänge tauchen bildhaft in meiner Erinnerung auf.

Unser Großvater war ein ruhiger und zurückgezogener Mann. Wir sahen ihn nicht oft. Zum Geburtstag schenkte er jedem von uns eine Wanderung zur Käsmühle, einem Ausflugsort, zu dem wir durch einen Wald gehen mussten. Im Wald lehrte er uns seine Kenntnisse über Pilze oder Kräuter. Vieles davon habe ich leider vergessen. Er liebte es, an Sommerabenden einen Radi mit Romadur-Käse zu essen. So kannte er es aus seiner Heimat. Dazu trank er eine Flasche Bier. Meine Mutter schälte den Radi spiralförmig. In die Spiralen wurde je nach Bedarf Salz gestreut. So konnte auch ein überzeugender Durst entstehen, damit das Bier herzhaft schmeckte. In meiner Erinnerung sehe ich meine Mutter liebevoll lächeln, als sie das mit Radi, Käse und Bier angerichtete Tablett zum Opa ins Zimmer brachte. Sie verstand wohl gut, was ihn zufrieden machte.

Zwischen unserem Vater und seinem Schwiegervater schwelte ein kleiner Konflikt. Opa steckte gerne Weidenschösslinge in die Gartenerde, wo immer er Platz fand. Er tat es für seine Bienen. Weiden gehören zu den ersten blühenden Pflanzen im ausgehenden Winter. Sein Schwiegersohn war davon nicht begeistert. Gelegentlich pirschte er durch den Garten und riss die Schösslinge wieder heraus. Wie die beiden mit diesem Konflikt rhetorisch umgingen, weiß ich nicht mehr.

Unser Großvater starb mit fast achtzig Jahren an den Folgen einer Lungenentzündung, ich glaube, das war zum Ende des Winters. Da er eine Weile im Krankenhaus lag, fanden mein jüngerer Bruder und ich, wir sollten mal nach den Bienen sehen. Über ihr Leben wussten wir allerdings wenig, wir waren damals ungefähr zehn bis zwölf Jahre alt. Die Stiche, die wir uns beim Fußballspielen mit nackten Füßen im Garten holten, waren das Bedeutendste, das wir mit Bienen verbinden konnten. Außer manchen Besuchen, zu denen uns Opa in sein Bienenhaus einlud. Oder waren wir in kindlicher Neugier zu ihm gegangen, um zuzuschauen? Angst vor Bienen hatten wir nicht. Die Schwellungen aufgrund der Stiche gingen ja wieder zurück. Und einmal gestochen, bescherte uns das Einreiben mit Salbe eine zusätzliche Portion Zuwendung von unserer Mutter. Jener Besuch im Bienenhaus beförderte uns zu Imkern. Wir hielten uns an das, was wir beobachtet hatten. Wir zogen Opas weißen Umhang an, kramten die Pfeife hervor und befüllten sie mit dem zerkleinerten Holz, das wir entzündeten. Dann schmauchten wir und öffneten die Klappen zu den Bienen. Auf diese pusteten wir den Rauch. Da wir nicht wussten, was sonst noch zu tun war, beendeten wir das Ritual. Möglicherweise waren wir unsicher, was die Rechtmäßigkeit unseres Tuns anbelangte.

Die Bienen hatten sich vor einigen Jahren bereits angekündigt. Mitten im Sommer summte es vernehmlich von einem Zierpflaumenbaum her. Er steht unweit der Terrasse und kommt immer in Blick, sobald wir vom Haus aus nach Süden schauen. Ein Schwarm hatte sich niedergelassen. Kurz dachte ich daran, dies als Zeichen zu verstehen. Doch ich war einfach zu unkundig, um von einem Tag auf den anderen mit dem Imkern anzufangen. Ich hätte mir auf die Schnelle eine Beute beschaffen müssen. Deshalb rief ich einen Bekannten an, der kürzlich selbst zu imkern begonnen hatte. Er schickte uns seine Freundin. Sie rückte mit einem Korb an. Diesen hielt sie unter den Schwarm und klopfte mit einem Stock kräftig von oben auf den Ast, an dem der Schwarm hing. Fast geschlossen fiel er in den Korb. Die Frau deckte ihn gleich mit einem Tuch zu und fuhr davon. Sie hatte nicht einmal Imkerkleidung angezogen. Das sah alles ziemlich unkompliziert aus.

Nun kommen Bienen einschließlich Beuten zu mir und wollen, dass ich gut für sie sorge. Mit dem Schmauchen einer Pfeife ist es nicht getan. Vieles will gelernt sein: Der Aufbau einer Beute, die Aufteilung der Waben und ihre Pflege, die Beobachtung der Bienen, die Völkervermehrung, die Königinnenzucht, das Einfangen eines Bienenschwarms und die Honigernte, die Bekämpfung der Varroa-Milbe und die Erkennung von Brutkrankheiten. Immerhin konnte ich die Bienen für den Winter füttern. Dann erhielten sie noch im Dezember von einem erfahrenen Imker eine Varroabehandlung mit Oxalsäure. Sie wird, wenn man sie rechtzeitig veranlasst, keine Auswirkungen mehr haben, wenn im Frühjahr die Waben gefüllt werden.

Unser Anwesen ist in Vielem ein Biotop. Die Bienen können es gut haben. Dafür wollen wir noch mehr blühende Pflanzen aussäen. Weiden, Obstbäume, Holunder und Blaubeersträucher werden mit ihren Blüten viel Nahrung anbieten. Märzenbecher, Winterlinge, Krokusse, Gänseblümchen und Löwenzahn, Klee, Klatschmohn und allerlei Stauden kommen hinzu. Für den Polleneintrag wäre gesorgt. Sorgen machen mir die Bedingungen in der Umgebung. Die Felder werden mit Chemikalien gespritzt. Bienen fliegen ja bekanntlich sehr weit auf der Suche nach Nahrung. Unsere direkten Nachbarn sind glücklicherweise Blumen- und Staudenfreunde. Aber im größeren Umkreis ist die Begeisterung für blühende Pflanzen nicht üppig. Will man etwas für die Existenz von Honigbienen, von Bienen allgemein, tun, bieten sich am besten Bienenweiden an. Entsprechende Samenmischungen sind im Handel erhältlich.

Beim Recherchieren der Hintergründe des Bienensterbens stoße ich immer wieder auf drei ernsthafte Probleme. Zum einen sind die europäischen Zuchtbienen von der Varroatose, einer parasitären Krankheit, bedroht. Die Milbe befällt Bienen und Brut gleichermaßen. Sie setzt sich in der verdeckelten Brut der Drohnen fest und saugt von deren Zellen. Das hat eine erhebliche

Schwächung der Biene zur Folge, die weniger leistungsfähig sein wird. Im Puppenstadium werden die Bienen mit Viren infiziert, die Verkrüppelungen der geschlüpften Biene hervorrufen. Die Varroamilbe wurde von Asien nach Europa eingeschleppt und ist bis in die hintersten Winkel vorgedrungen.

Die zweite Gefährdung geht von der Industrialisierung der Landwirtschaft aus. Niemand zweifelt mehr an, dass Insektizide, Pestizide und Herbizide den Bienen schaden. Es wird nur diskutiert, wie schlimm der Schaden ausfällt und ob das hinnehmbare »Kollateralschäden« seien.

Als drittes entscheidendes Problem gilt der Verlust an Vielfalt (Diversität) im Pflanzenreich. Mit den zum Teil riesigen Feldern und flurbereinigten Anbaugebieten wurden viele Gewächse geopfert, die den Bienen Nahrung geben würden. Zudem sorgen die chemisch kultivierten Monokulturen dafür, dass möglichst nur gewünschte Pflanzen wachsen.

Die Lobby der Landwirtschaft mag letzteres nicht hören. Das ändert nichts an der Realität. Paradoxerweise hat die Imkerei in den Ballungsgebieten bessere Chancen als auf dem Land. In den städtisch geprägten Siedlungen existiert wenigstens eine gewisse Vielfalt an blühenden Pflanzen, wenn auch in begrenzten Rahmen. Am aussichtsreichsten ist eine der Natur verbundene Imkerei in entsprechenden Schutzgebieten, vor allem in Naturparks.

Aus meiner Sicht ist der Verlust der pflanzlichen Vielfalt in landwirtschaftlich geprägten Gebieten ein bewusst akzeptierter »Kollateralschaden«. Die Landwirte verlieren ihre Empathie für die Natur, für das pflanzliche wie tierische Leben. Sie hängen am Tropf der Politik, der Banken und der Konzerne, die sie mit chemischen Cocktails und Maschinen beliefern. Und sie ängstigen sich um Subventionen. Ihr Blick gilt aufgezwungenen Investitionen und finanziellen Belastungen. Wen kümmern dann Bienenweiden oder Blühstreifen? So müssen Politiker Gelder bereitstellen, damit Landwirte sich motivieren lassen, blühenden Gewächsen eine Chance zu geben. Sonst täten sie es nicht. Wie muss man gestrickt sein, sich der blühenden Natur zu verweigern? Mit einer seelenlosen Landwirtschaft verliert der Mensch auch seine Seele.

25. Träumen

Gärtnerische Beschäftigung führt bisweilen in eine Selbstvergessenheit, die man auch mit Trancezuständen vergleichen könnte. Über Stunden werden ähnliche Tätigkeiten ausgeführt, z.B. Unkraut gejätet oder junge Pflanzen in den Boden eingebracht. Manchmal setzt sich ein Lied im Bewusstsein fest und wird dauernd gesungen, vielleicht sogar, ohne dass man das merkt. Ein vollständiger Einklang scheint zu entstehen zwischen dem Gärtner, seinen Pflanzen und der Erde, die der fruchtbare Boden bereithält. Das lässt mich an die Auffassung der australischen Ureinwohner denken, die ihrem Leben immer einen träumerischen Anteil zuschreiben. Sie nennen ihn »Traumzeit«. Nach dieser Auffassung öffnet das traumzeitliche Träumen den Menschen für den unablässigen Schöpfungsprozess. Was der Mensch seinerseits zum Geschehen der Welt beiträgt, fließt ein in das traumzeitliche Netz allen Seins. Dieses Träumen ist allerdings nicht auf Zerstörung ausgerichtet, sondern darauf, die Welt als Schöpfung zu verstehen und zu nutzen. Deshalb wird die Traumzeit mit Liedern besungen und immer wieder rituell gefeiert, um ihren Einfluss aufrechtzuerhalten und sie zu stärken. Ihre Zeugnisse im Land, die Quellen, Felsen, Berge und Täler werden geehrt. Das Land ist heilig, es ist den Menschen anvertraut, um es zu hüten. Sie selbst stammen aus der Traumzeit, sie wurden »aus dem Ahnengeist empfangen«. So drücken es Anna Voigt und Nevill Drury in ihrem schönen Buch »Das Vermächtnis der Traumzeit« aus. Ebenso erkennt die menschliche Gemeinschaft ihren Ursprung in der Traumzeit und würde in gefährliche Schieflage geraten, wenn sie sich der Traumzeit entfremdet. Die Folgen wären überaus tragisch bis hin zur Selbstzerstörung. Diese visionäre

Sicht können wir bestätigen. In den Gebieten der Welt, wo die Menschen die Natur nicht mehr ehren, gewinnen zerstörerische Gier und Feindschaft die Oberhand.

Früher wäre ich nicht auf die Idee gekommen, mein Leben im Licht der Traumzeit zu betrachten. Entsprechend käme es nicht in Frage, das Gärtnern mit Träumen in Verbindung zu bringen. Im Gegenteil: Träumer sind im Garten wenig gefragt. Hier muss Hand angelegt werden, wenn etwas entstehen soll. Ich war naiv und vertraute darauf, dass durch meinen Einsatz etwas zustande kommen würde. Die Lektüre von Fachliteratur half mir, und ich probierte einfach aus, was von den Ratschlägen mich ansprach. Ist diese Haltung bereits eine Art Träumen? Gefühlsmäßig würde ich das bejahen. Ein Anfänger gärtnert drauflos, bastelt sich einen Flickerlteppich an Wissen zusammen und lässt Erde, Saat und Pflanzen ihre Wunder vollbringen. Sie kommen womöglich zustande und die Verbindung nimmt ihren Lauf - die Verbindung zwischen gärtnerischer Realität und Traumzeit. Ich kann das gar nicht anders empfinden, als ein lebendiger Teil der Schöpfung zu sein.

Wir sind mit unserer Aktivität im Garten mittendrin in der Schöpfung, gestalten mit und geben Impulse, die sich in den ständigen Fluss des Seins einbringen. Wenn wir beachten, was wir z.B. für die fruchtbare Erde, für ihren lebendigen Organismus tun können, erkennen wir unschwer unseren Beitrag in diesem unablässigen Werden. So reichen wir den Kräften der Traumzeit die Hand. Wir ehren sie. Die Kraft des Gartens, wie erdig er ist und die Pflanzen gedeihen lässt, reiht sich ein in die andauernde Schöpfungsgegenwart.

Die im gärtnerischen Tun aufkommende Selbstvergessenheit können wir auch als meditative Stimmung interpretieren. Die Gedanken bemühen sich um Alltagsprobleme und suchen nach Lösungen. Oder sie produzieren von sich aus Vorstellungen, die gute Gefühle aufkommen lassen.

Wichtige Bedürfnisse können stärker ins Bewusstsein treten, weil sie nicht von hektischer Geschäftigkeit unterdrückt werden. Oder die Gedanken werden losgelassen und dürfen machen, was sie wollen. Auch dann kann Produktives zustande kommen. Kreative Gedanken, Ideen entstehen, die der Tagträumende später umsetzen kann (im Schreiben, Malen, Reisen etc.). Sogar Selbstvergessenheit im wirklichen Sinne, also die zeitweilige Befreiung von Gedanken, kann spontan zustande kommen. Das führt zu einem träumerischen Zustand, während die körperliche Aktivität von selbst passiert. Der Mensch würde nachher nicht sagen können, ob und was ihn in Gedanken beschäftigt hat. Vielleicht würde er sagen, »nichts«. Wie die meditative Stimmung sich auswirkt, lässt sich nach getaner Arbeit gut ermitteln. Wenn man ausgeglichen, gelassen und zufrieden den Acker verlässt, ist etwas Hilfreiches, womöglich Heilsames geschehen. Wahrscheinlich würde der Mensch gar nicht speziell formulieren können, was ihn so zufrieden gemacht hat. Er könnte sagen: »Schön, dass das Beet jetzt unkrautfrei ist.«, oder: »Die Kartoffeln sind in der Erde, jetzt hoffe ich auf gutes Wachstum.« Aber das gute Selbstgefühl hat tiefere Quellen, das spürt man.

Meine gärtnerische Naivität hält an, obwohl ich seit bald dreißig Jahren viel Lebenszeit auf dem Acker verbringe. Natürlich lerne ich immer hinzu. Man kann mich nach meinen Erfahrungen fragen. Und vielleicht weiß ich Antworten auf Fragen, was die Fruchtbarkeit des Gartens betrifft.

Aber ich fühle mich immer noch naiv, geradezu kindlich staunend. Weiß ich denn, werde ich jemals wissen, wie aus diesen winzigen Samenkörnern solche Früchte entstehen können (und das auch noch in meinen Garten)? Aber ich weiß wenigstens darum, wie wir Menschen unseren Beitrag leisten können für eine gute Erde. Sie ist die Voraussetzung für gesundes Wachstum der Pflanzen, die wir zur Nahrung brauchen, für natürliches Wachstum überhaupt, an dem wir mit unserem Organismus teilhaben.

Träumen die Pflanzen, die Blumen, die Bäume, die Sträucher, die Früchte, alles Essbare wie das Ungenießbare? Ich glaube schon, auf ihre, für uns schwer begreifbare Weise. Es scheint so, dass wir dies zumindest erspüren, erfühlen, ja vielleicht sogar »sehen« können. Manche Menschen sind so sehr mit ihrer natürlichen Umgebung, mit bestimmten Pflanzen in feinfühliger Verbindung, dass sie diese gewissermaßen sprechen hören. Sie empfangen Signale, auch Informationen über Fähigkeiten und Kräfte von Pflanzen, die z.B. für uns Menschen hilfreich sind. Edward Bach, ursprünglich Arzt und Homöopath, war bekannt geworden als Schöpfer der »Bachblütentherapie«. Er konzentrierte sich darauf, wie manche Pflanzen auf uns wirken können. Er spürte und »sah« ihre besondere Energie und ordnete sie jeweils bestimmten Leidenszuständen als stärkende und heilende Kräfte zu. Daraus entstand ein einfühlsames und nach Leidens- sowie Charaktermerkmalen geordnetes System an Essenzen. Wir Menschen unterscheiden uns voneinander in unendlich vielen Belangen. Es ist schon eine hohe Kunst, helfende Pflanzenkräfte und Menschen miteinander zusammenzubringen.

Wie Mechthild Scheffer und Wolf-Dieter Storl in ihrem Buch »Die Seelenpflanzen des Edward Bach« einleitend feststellen, kann man mit »meditativem Bewusstsein ... die Pflanze sich selbst darstellen und ihre Botschaft überbringen lassen.« Das heißt also, die Pflanzen können sich uns mitteilen und über sich selbst Auskunft geben. Um dies zu erfahren, bedarf es seitens des Menschen eines geeigneten »Träumens«, denn er muss dafür den alltäglichen Bewusstseinszustand verlassen. Die Pflanzenkraft erschließt sich erst, wenn wir ihren Geist anerkennen und uns ihm zuwenden. Dies ist eine uralte Methode, die Schamanen seit zigtausend Jahren anwenden. Edward Bach scheint ein moderner Schamane gewesen zu sein.

Bekannt wurde die Bachblütentherapie vor allem durch die »Notfalltropfen« (»Rescue«), die beruhigend und Halt gebend wirken. Sie finden als

Ersthilfe Anwendung in akuten Notfällen, bei Schock, seelischer Erschütterung und starken Schmerzen. Als die Bachblütenessenzen Einzug in Apothekerregale hielten, begegnete ich öfters Menschen, die die Notfalltropfen zu sich nahmen, um aufkommende Ängste oder Panikzustände abzuwehren. Sie hatten die Fläschchen immer bei sich und fühlten sich alleine dadurch schon geschützt. Wahrscheinlich kennen das viele Menschen: Habe ich Aspirin bei mir, dann bin ich nicht hilflos, wenn sich erste Anzeichen einer Erkältung andeuten. Das kann mit jeder Medizin verbunden werden, die ein Mensch einmal als hilfreich oder rettend erlebt hat. Bei den Bachblütenessenzen handelt es sich allerdings um rein energetisch wirkende Mittel, deren Grundlagen frische Blüten bilden. Sie wurden in Quellwasser gelegt und der Sonne ausgesetzt. Die Sonnenstrahlen übertragen die Pflanzenkräfte auf das Wasser. Dieses wird zur Essenz.

Für Menschen, die sich den Pflanzenkräften verbunden fühlen, stellt sich nicht die Frage, die aufgeklärte, nur auf Vernunft gepolte Leute stellen würden: Kommt das nicht von dir selbst und deiner Einbildung, dass du dich von den Tropfen geschützt fühlst? Vielmehr bildet der Wunsch nach Hilfe und die Kraft des Vertrauens die notwendige Brücke zum Geist der Pflanze. Vielleicht kann man sogar ganz persönlich wertvolle Pflanzenkraft erfahren, die in keinem Fachbuch Anerkennung findet. Denn alle Pflanzen können als Energieträger gesehen werden. Manche Menschen erleben z.B. ein unbändiges Verlangen nach ganz bestimmten Blumen und wollen sie unbedingt in einer Vase auf dem Tisch stehen haben, um sich in ihrer Gegenwart gut zu fühlen. Man kann wie Edward Bach auf eine »Medizin-Wanderung« gehen und sich von Pflanzen ansprechen lassen, um zu verstehen, welche Bedeutung sie für einen haben.

In meiner Arbeit als Psychotherapeut spielen Pflanzen mitunter eine wichtige Rolle, meist symbolisch, aber manchmal auch ganz realistisch. So z.B. wurde die Blüte eines Christusdorns, der auf dem Brett vor dem südlichen Fenster meines Praxiszimmers seinen Platz hatte, zum entscheidenden Helfer für eine Patientin. Sie war in der Kindheit mehrfach sexuell missbraucht und von Kriegs- und Nachkriegsereignissen traumatisiert worden. Sie litt sehr in einer langjährigen Beziehung zu einem alkoholsüchtigen, emotional abweisenden Mann. Allerdings hatte sie noch Kraft, die sie aus ihrem selbst erworbenen Heilerwissen bezog. Sie kannte sich gut in der Bachblüten-Therapie aus. Auf einem Höhepunkt vorgetragener Selbstzweifel, giftiger Gewissensnot und Verlustangst bat ich die Frau, zu dem Pflanzengeist zu gehen, dessen Blütenessenz sie zu jener Zeit zu sich nahm. Sie sollte diesen Geist um Hilfe ersuchen. Derweil schloss auch ich meditativ die Augen, um mich zu sammeln.

Überraschend tauchte vor meinem inneren Auge ein Schwan auf. Er legte ein Pflanzenblatt vom Christusdorn in meine Hand. Dann würgte er einen Kelch hervor, in dessen leuchtendem Inhalt eine Blüte des Christusdorns schwamm. Das verstand ich sofort.

Während meine Patientin in ihrem Tagtraum von ihrem (aktuellen) Blütengeist erfuhr, dass ihr Leben mit einem alkoholkranken Mann eine Gratwanderung sei und sie einen Gefühlsaustausch mit ihm kaum erwarten könne, war der Christusdorn auf dem Fenstersims aktiv geworden. Er hatte den Schwan als Überträger seiner medizinischen Kraft gewonnen und sich in meinem Geist bemerkbar gemacht. Ganz im Sinne der Bachblüten-Therapie schlug ich der Frau vor, eine Blüte des Christusdorns nach der Methode von Edward Bach in Arznei zu verwandeln und nach eigenem Empfinden zu verwenden. Da passierte das, was wir Menschen gerne haben, um zu glauben: ein Beweis oder zumindest etwas, das wie ein Beweis gewertet werden kann. Ein Blütenstängel des Christusdorns fiel vom Strauch herunter auf das Tischchen, das zwischen der Frau und mir stand. Das überzeugte sie natürlich erst recht. Jetzt hatte gewissermaßen eine höhere Kraft gesprochen. Sie nahm die Blüte mit nach Hause, legte sie in Quellwasser und ließ die Sonne darauf scheinen. Bei unserem nächsten Treffen berichtete sie von einer bemerkenswerten Kräftigung ihrer Durchsetzungsfähigkeit. Sie begann damit, sich Wünsche gegen den Willen ihres Mannes zu erfüllen, was sie bisher kaum zu denken gewagt hatte.

Diese Geschichte erzähle ich, weil sie gut illustriert, was mit dem Träumen gemeint ist. Es verbindet den Menschen mit den Pflanzen auch auf geistiger Ebene und macht ihn empfänglich für ihre Kraft und ihr Wissen. Offenbar teilen sie sich immer noch mit, auch wenn viele Menschen das heutzutage kaum glauben können oder sich nicht trauen, es zu glauben.

Manche meiner Patienten sind erklärte Gartenliebhaber. Auf die Frage, was in ihrem Leben ihnen Kraft verleiht, wo oder wie sie auftanken, antworten sie meistens, die Natur und besonders ihr Garten gäben ihnen Kraft. Das kann zu einer tragfähigen Basis für heilende und klärende Fortschritte werden. Mit welcher Haltung, mit welchem Einsatz im Garten finden sie Ruhe und Freude? Lässt sich das auf andere Bereiche im Leben übertragen? Gibt das Auskunft über ihre Wünsche und Bedürfnisse?

Auch der geträumte Garten kann große Ruhe und den gewünschten inneren Frieden bereithalten und die Seele aus Umklammerungen befreien. Mir ist ein Mann in Erinnerung, der fleißig und bemüht seine beruflichen Aufgaben wahrgenommen hatte. Unter anhaltendem Leistungsdruck wurde er krank. Ein Tinnitus-Leiden hatte sich seiner bemächtigt. Es hatte ihn so in Griff, dass er nachts Schlafstörungen bekam. Die Folge waren Panikzustände, in denen die Angst um seine Gesundheit die zentrale Rolle spielte. Medizinisch war kein plausibler Grund zu solcher Sorge vorhanden. Wir besprachen seine bisherigen Bemühungen um inneren Frieden. Er war zuvor in einer Therapie gewesen. Mit seiner Frau verstand er sich gut. Sie fuhren gerne übers Wochenende ins Grüne. Kinder und Enkelkinder waren wohlauf. Sein Garten bereite ihm große Freude, sagte er und schilderte, wie er ihn gestaltete. Damit waren wir in seiner gärtnerischen Welt gelandet. Ich bat ihn, eine Fantasiereise zu machen und seinen Garten zu durchwandern. Er sollte ihn, die einzelnen Beete und Pflanzen mit dem inneren Auge betrachten. So erlebte ich als Zuhörer und im Geiste diesen schönen Garten, seine Anlage, Wege und Pflanzen mit. Nach dem Tagtraum fühlte sich der Mann gut und entspannt. Sein Tinnitus hatte sich merklich abgeschwächt.

Tinnitus-Leiden macht viele Ärzte und Therapeuten eher hilflos. Deshalb ist eine neurologische Sichtweise sinnvoll, mit der die Hirntätigkeit nüchtern als fehlgeleitet verstanden wird. Daraus wird therapeutisch gefolgert, eine umlenkende, vom Tinnitus wegführende Aufmerksamkeit könne diesen schwächen, ja sogar zeitweise ganz lösen. Diese Hilfe erschien meinem Patienten vernünftig, zumal er selbst das Werkzeug in die Hand bekäme, auf seinen Tinnitus und damit seine Angst Einfluss nehmen zu können.

In der Folge befassten wir uns in jeder Sitzung mit seinem »inneren« Garten. Jedes Mal malte er, was er Neues erkundet hatte. Er ging durch das hintere Gartentor hinaus in die Welt, die sich ihm paradiesisch zeigte. Sie war anders als in der realen Welt, in der Nachbarhäuser und Grundstücke sein Haus und den Garten umgaben. Nun zog ein Bachlauf mit klarem Wasser seine Bahn durch blühende Wiesen und fruchtbare Felder, vorbei an einem Wald, und mündete in einen Fluss. Schiffe fuhren auf ihm. Der Fluss weitete sich. Das Meer kam in Sichtweite. Jedes Mal, wenn der Mann seinen Fantasie-Garten betrat, schien dort die Sonne. Er benutzte seine Ausflüge in den sich beständig erweiternden Garten, wenn er nachts aufwachte. Die Angst vor dem Tinnitus, auch der Tinnitus selbst, zog sich zurück. Der innere Garten war einfach stärker. Der Mann war sich nicht sicher, was geholfen hatte. Es spielte keine Rolle mehr. Die schier unendliche Welt seines Gartens hatte ihm die seelische Freiheit zurückgegeben.

26. Vorbilder

Wenn ich an meine Vorbilder für das Anliegen der Selbstversorgung denke, dann weiß ich, was Vorbilder sind: kraftvolle und überzeugende Leitfiguren, die glaubhaft vorleben oder vorgelebt haben, was mir im Leben wichtig erscheint. »Ich zog in den Wald, weil ich den Wunsch hatte, mit Überlegung zu leben, dem eigentlichen, wirklichen Leben näherzutreten, zu sehen, ob ich nicht lernen konnte, was es zu lehren hatte, damit ich nicht, wenn es zum Sterben ginge, einsehen müßte, daß ich nicht gelebt hatte. Ich wollte nicht *das* leben, was nicht Leben war; das Leben ist so kostbar.« Das schrieb um 1850 Henri David Thoreau in seinem immer noch aktuellen Buch »Walden«.

Thoreau und in seinem Geiste Scott und Helen Nearing, die legendären Selbstversorger des letzten Jahrhunderts, waren und sind für mich Vorbilder schlechthin. Doch ich will noch etwas tiefer in mein Herz schauen. In dem Wesen, das mir die Natur verliehen hat, sind Freiheit und selbständige Gestaltung angelegt. Sie waren früh zum Ausdruck gekommen. Das erste Wort, das ich außer »Mama« und »Papa« sprechen konnte, war »alleine«. Das jedenfalls wurde mir in der Jugendzeit berichtet – mit süffisantem Lächeln, in dem sich auch der Ärger wiederfand, den Erwachsene mit einem trotzig selbstbewussten Kind haben. Ein solches Kind ist ja nicht einfach zu handhaben.

Der Freiheitswille wurde mir nicht ausgetrieben, wenn auch durch die Forderungen nach Anpassung immer wieder beschnitten, bisweilen ein wenig zu streng.

Vorbild in Sachen Freiheit war meine Mutter. Sie fand vor allem geistige Freiheit erstrebenswert. »Die Gedanken sind frei« nannte sie als eines ihrer Lieblingslieder. Sie suchte sich in der Spannung zwischen bürgerlichem, auch religiösem Wohlverhalten einerseits und Selbstverwirklichung andererseits zurechtzufinden. Meine Mutter war mir das entscheidende Vorbild in Hingabe und Verpflichtung. Dabei aber verzichtete sie nicht auf ihren kritischen Verstand. Sie durchschaute oberflächliches Getue und schätzte es sehr, auf »echte« Menschen zu treffen. Ein »echter Kerl«, so nannte sie Bekannte, denen sie solche Wertschätzung entgegenbrachte. Uns, ihren drei Kindern, gewährte sie viel schöpferische Freiheit. Sie mochte »Lausbuben«.

Mein Vater war ein besonnener, in sich gekehrter Mann. Von seinem Gestaltungswillen und seiner Kreativität zeugte sein beruflicher Erfolg. Er gab vielen Menschen Arbeit und litt darunter, wenn man ihn enttäuschte. Der damaligen Rolle des Familienvaters entsprach es nicht, sich viel um die Kinder zu kümmern. Er liebte uns, seine »Buben«, konnte es nur nicht besonders zeigen. Für seine Familie hatte er gut gesorgt. Von all dem fühle ich mich geprägt.

Wir lebten auf dem Lande in dörflicher Umgebung. Eine überwiegend beschauliche Gemeinschaft, die sich um alltägliche Belange kümmerte, um Dorfpolitik, um kirchliche Ereignisse und Vereinsleben. Wir Kinder konnten neben manchen Pflichten viel spielen, Fußball vor allem und natürlich Räuber und Gendarm. Wir spielten die Karl-May-Bücher nach. Da die Rollen von Winnetou und Old Shatterhand umkämpft und mitunter doppelt besetzt waren, suchte ich mir eine Figur aus, die mutig und kompetent war, aber mehr am Rande eine Rolle spielte: Old Surehand.

Beim Fußballspielen ließ ich mich nicht dazu verleiten, Uwe Seeler, Fritz Walter oder Ferenc Puskás zu sein. Ich fand den Namen »Santa Maria« ausgesprochen attraktiv. Er spielte als Verteidiger in der legendären Mannschaft von Real Madrid.

Zur Familie gehörte unsere Großmutter, für uns Kinder die »Oma«. Sie lebte in einem kleinen Häuschen, das mitten in einem Garten stand. Dort wuchsen Obstbäume und -sträucher. Wir halfen Oma bei der Ernte, kletterten in die Bäume und erschreckten sie mit unserem Mut. Hinter dem Haus baute Oma Gemüse an. Auch hielt sie eine Schar Hühner mit einem Hahn. In einem kleinen Stallgebäude befand sich ihre Toilette, ein Plumpsklo. Noch im hohen Alter wehrte sie sich gegen eine Toilette im Haus. Oma hatte viel Humor. Wenn ich an sie denke, wird es mir warm ums Herz.

Im Studium traf ich auf zwei wichtige Begriffe: »Verinnerlichung« und »Identifikation«. Mit den Jahren glaube ich verstanden zu haben, was mit ihnen gemeint ist – und welche prägende Macht ihrer seelischen Wirkung zugrunde liegt. Kinder, Jugendliche, auch Erwachsene brauchen Vorbilder, Leitfiguren, um sich an ihnen zu orientieren und ein verlässliches Selbst aufzubauen. Das geschieht durch Verinnerlichung der Wesenszüge, die bewundert werden oder für Orientierung geeignet erscheinen. Verinnerlichung ist eine seelische Grundfähigkeit, die mit dem Saugen an der Mutterbrust beginnt. Daher stammt der Ausspruch, etwas »mit der Muttermilch aufsaugen«. Das ist der Grundmodus des Lernens und der Selbstgestaltung mit Hilfe von Vorbildern. Sie müssen überhaupt nicht als solche erkannt sein. Ein Kind weiß nichts von Vorbildern. Es nimmt auf, was es geboten bekommt und wie man mit ihm umgeht. Das wird zur bleibenden Erfahrung. Das Kind setzt sich damit zunehmend auseinander, soweit es hierfür frei sein kann und darf und genügend Vergleichsmöglichkeiten hat.

In der Identifikation kommt es zu einem reiferen Umgang mit den verinnerlichen Gehalten, verbunden mit der wachsenden Fähigkeit, diese wahrzunehmen. So kann sich ein Mensch dazu bekennen, etwas übernommen zu haben. Er kann sich in dieser Prägung selbst sehen, er kann sich auch distanzieren und flexibel mit dem Vorbild umgehen. In uns allen steckt mehr oder weniger ein Wissen um prägende Identifikationen. Meist aber machen wir uns darüber wenig Gedanken. Erst in persönlichen Krisenzeiten suchen wir bewusst nach Orientierung und Entscheidungsmöglichkeiten. Dann werden wir auch von verinnerlichten Gehalten geleitet. Wenn es ungünstig läuft, finden wir in uns keine Anleitung. Dann bieten sich hoffentlich in anderen Menschen oder Ideen konstruktive Hilfen an, die wir übernehmen können. Das Wort »übernehmen« sagt es in seiner Weise: Da wird jemand oder etwas ein Teil von uns. Vorbilder können entsprechend sehr intensiv auf und in einem Menschen zur Geltung kommen. Das richtet sich vermutlich nach der Überzeugungskraft des Menschen, der als Vorbild gewonnen wird. Zugleich hängt es von den Bedürfnissen und der Offenheit der Person ab, die den Halt und die Orientierung durch einen anderen Menschen braucht. Ich glaube, wir sind uns in der heutigen Zeit wenig klar darüber, wie wichtig Vorbilder in jeder Altersstufe sind. Zu inflationär werden Menschen zur Schau gestellt bzw. stellen sich dar. Manchmal denke ich, aus der Sicht vor allem der Kinder und Jugendlichen muss das Leben von Promis wie ein Supermarkt wirken, wo sie sich mal hier und mal da bedienen. Verlässlichen Halt können sie auf diese Weise kaum bekommen. Umso mehr treten Eltern und nahestehende Erwachsene in die Verantwortung, ihren Kindern ein glaubwürdiges Vorbild zu sein.

Im Alter von 38 Jahren brauchte ich nach einer lebensbedrohlichen Krankheit eine neue Orientierung, um wieder Boden unter den Füßen zu bekommen. Damals galt es, Kraft zurückzugewinnen und so zu leben, dass ich es, wie Thoreau wohl sagen würde, nicht bereuen müsste. Ich folgte meinem Herzenswunsch: Ein Leben auf dem Lande mit bäuerlicher Wirtschaft. Christa unterstützte mich darin. Dafür bin ich ihr unendlich dankbar.

Thoreau, diesem erstaunlichen Menschen, begegnete ich erstmals in den Büchern von Hellen und Scott Nearing. Sie zitierten den Ausspruch Thoreaus, den ich anfangs erwähnte, und machten mich auf ihn neugierig. Das Zitat hat übrigens eine bedeutungsvolle Fortsetzung: »Ich wollte nicht etwas leben, was kein Leben war, das Leben ist so wertvoll; (ich) wollte nicht resignieren, bevor es wirklich notwendig war.« Doch zunächst möchte ich von den Nearings berichten, deren Lebensweise mir imponiert, seit ich ihre Berichte kenne.

Das Ehepaar Nearing hatte in den dreißiger Jahren des letzten Jahrhunderts eine verkommene Farm im US-Bundesstaat Vermont gekauft und systematisch in ein sich selbst tragendes bäuerliches Unternehmen verwandelt. Aus dem zugehörigen Ahornwald gewannen sie Ahornsaft, den sie zu Sirup kochten und auf dem Markt verkauften. Parallel bauten sie Gemüse an, mit dem sie sich hauptsächlich versorgten. Dann schufen sie sich mit eigener Hände Arbeit ein Haus und andere Gebäude. Dies beschrieben sie in ihrem Buch: »Ein gutes Leben leben«. Es wurde zum Lehrbuch für viele Menschen, die eine ähnliche Lebensgestaltung ins Auge fassten oder verwirklichten.

Scott Nearing (geb. 1883) war Wirtschaftswissenschaftler. Er verlor seine Professur, als er gegen die damals verbreitete Kinderarbeit im Bergbau protestierte. Eine weitere Dozentenstelle wurde ihm entzogen wegen seines Protests gegen den Eintritt der USA in den Ersten Weltkrieg (1917). Danach musste er selbständig überleben. Er war erklärter Pazifist, ein Humanist erster Güte und Sozialist. In seinen Büchern kritisierte er, dass sich die Industriearbeiter ausbeuten ließen. Mit großer Klarheit beschrieb er die Friedlosigkeit der Politik und die Destruktivität des militärisch-wirtschaftlichen Systems. Würde er heute in Deutschland leben, wäre er einer jener Aufrechten, die konsequent für den Frieden unter uns Menschen eintreten. Er würde Stellung nehmen gegen jede Art von

Menschenfeindlichkeit. Er wäre erklärter Umweltschützer. Und er hätte in den siebziger Jahren des letzten Jahrhunderts wegen seiner sozialistischen Haltung wahrscheinlich seine Professorenstelle verloren.

Nach gescheiterter erster Ehe lernte Scott Nearing 1928 seine spätere Frau Hellen, eine ausgebildete Musikerin, kennen. Sie war zwanzig Jahre jünger als er und ging auf seine Vorstellungen eines moralisch vertretbaren, verantwortlichen Lebens ein. Sie bildeten ein kongeniales Paar. Ich bin sicher, sie waren einander im umfassenden Sinne zugetan. Anders lässt sich nicht erklären, wie sie die Kraft aufbrachten, ihre Vorstellung von einem freien, selbstverantwortlichen Leben durchzusetzen. 1952 schlossen sie ihr Projekt in Vermont ab. Dort hatten Investoren und Touristen Einzug gehalten, es war unruhig geworden. Sie erwarben ein verlassenes Anwesen an der Küste von Maine und stellten sich erfolgreich der Aufgabe, weiter selbständig zu leben, nun unter den vorgefundenen Bedingungen. Zu diesem Zeitpunkt war Scott Nearing siebzig und Helen fünfzig Jahre alt. Den Neuanfang beschrieben sie in dem Buch »Ein gutes Leben II«. Scott starb hundertjährig 1983, Hellen 1995 im Alter von 91 Jahren.

Wer Thoreaus' bekanntestes Buch »Walden« liest, erkennt unschwer, dass er die heraufziehende moderne Zivilisation in ihrem Opportunismus und Materialismus durchschaute und die Folgen vorausgesehen hatte. Diese Ideologie, ihre Oberflächlichkeit, Profitgläubigkeit und ihr zwangsläufiger Imperialismus hat sich auf der ganzen Welt ausgebreitet und bedroht uns heute alle. Auch erkannte Thoreau damals schon die Gefahr der Umweltverschmutzung und sah sie folgerichtig als Pendant der seelischen Verarmung. Es lohnt sich, diesen Mann näher zu betrachten.

Die von Frank Schäfer verfasste Biographie beschreibt Thoreau in allen Facetten. Sie trägt den prägnanten Untertitel »Waldgänger und Rebell«. Menschen mit Liebe zur Natur, zu den Wäldern und Flüssen, mit

Lust auf möglichst viel Selbstständigkeit anstatt bürgerlicher Sattheit und Bequemlichkeit fühlen sich ihm sicherlich verwandt.

Thoreau wurde 1817 als Sohn eines Fabrikanten, der Bleistifte herstellte, geboren. Als Student in Harvard wurden ihm für überdurchschnittliche Lernerfolge Stipendiengelder zugesprochen. Noch vor Studienabschluss unterstützte er seine von Verarmung bedrohte Familie finanziell als Lehrer. Nach dem Studium gründete er mit seinem Bruder eine Privatschule, wo er seine pädagogischen Vorstellungen verwirklichen wollte. Doch der Bruder starb und die Schule musste nach drei Jahren geschlossen werden. Thoreau arbeitete zeitweise in der Firma seines Vaters und half in der eigenen Familie aus, wenn er gebraucht wurde. Er befreundete sich mit dem Dichter Ralph Waldo Emerson, in dessen Familie er ebenfalls in allen Belangen aushalf. 1845 zog er in eine Blockhütte, die er am »Waldensee« nahe seiner Heimatstadt erbaut hatte. Dort lebte er über zwei Jahre und ernährte sich von Gemüse, das er anbaute, von Fischfang und dem wenigen, was er mit geringsten Mitteln erwarb. Sein einfaches Leben in der Natur beschrieb er in dem Buch »Walden«, für das er viele Notizen verfasst hatte, auch in kritischer Auseinandersetzung mit gesellschaftlichen Themen.

Weil er sich weigerte, Steuern nachzuzahlen, wurde er kurzfristig inhaftiert. Damit protestierte er gegen Sklaverei und den Krieg der USA gegen Mexiko, den er mit seiner Steuer nicht mitfinanzieren wollte. Er schrieb das berühmte Essay »Civil Disobedience« (deutsch: »Über die Pflicht zum Ungehorsam gegen den Staat«). Mahatma Gandhi und Martin Luther King bezogen sich in ihrem Aufruf zum gewaltfreien Widerstand auf diese Schrift.

Thoreau war ein entschiedener Gegner der Sklaverei und stellte dies auch praktisch unter Beweis.

So half er mit, die Flucht von entlaufenen Sklaven über die kanadische Grenze zu organisieren. Mittlerweile bestritt er seinen Lebensunterhalt höchst pragmatisch, als Landvermesser, Gelegenheitsarbeiter und wiederkehrend als Vortragsreisender. Oft unternahm er Reisen und längere Wanderungen in die Natur und verpackte seine Erfahrungen in Vorträgen, die regen Zuspruch erhielten. Diese Gelegenheiten nutzte er, um weiterhin soziale Ungerechtigkeit und Sklaverei anzuprangern. Er starb an Entkräftung, die ihm eine schwere Bronchitis beschert hatte. Seine körperliche Abwehr war durch eine langjährige, immer wieder aufflammende Tuberkulose nicht mehr stark genug, ihn leben zu lassen. Er war gerade mal 45 Jahre alt geworden.

Will man diesen Mann würdigen, erscheint es mir besonders charakterisierend, dass er kein Leben in Luxus und Bequemlichkeit geführt hatte. Gespreizte Kultiviertheit lehnte er ab, eitle Gespräche und Lobhudelei waren ihm suspekt. Lieber mied er Menschen, als sich nutzlos zu verausgaben. Er provozierte und überforderte Menschen mit seinem Widerspruchsgeist. Andererseits erhielt er Wertschätzung von einfacheren Landsleuten, Bauern und jungen Menschen.

Seine Schriften fanden erst nach seinem Tod öffentlichen Widerhall. Heute gilt er als ganz Großer der amerikanischen Literatur- und Geistesgeschichte. Susanne Schaup, Herausgeberin der Textsammlung »Henry D. Thoreau. Leben aus den Wurzeln« schreibt einführend: »Es ist diese Einheit des in sich ruhenden, aus den Wurzeln lebenden Menschen, die so wohltuend, man möchte sagen: heilend, auf den Leser von heute wirkt.«

Mittlerweile gibt es eine Vielzahl an Rat gebenden Büchern für Gärtner und Selbstversorger. In den siebziger und achtziger Jahren des letzten Jahrhunderts fiel die Auswahl sehr schmal aus. Zwei der damaligen Autoren wurden für mich sehr wichtig. John Seymours wunderbares Buch »Leben auf dem Lande« erschien 1978 erstmals auf Deutsch.

Interessenten für ein rustikales Dasein und handwerkliche wie bäuerliche Selbständigkeit feierten das Buch wie eine Bibel. Das Buch wird lange nicht seine Aktualität verlieren. Für biologisch motivierte Gärtner schrieb Marie-Luise Kreuter »Der biologische Garten« (1977), damals ein Bestseller. Dem folgte ihr Standardwerk »Der Biogarten«, ein Buch von bleibendem Wert. Es erschien erstmals 1981, wurde mehrfach überarbeitet und ist eines der meist gekauften Gartenbücher. Wenn ich im Garten Probleme habe und nach Lösungen suche, schlage ich im »Biogarten« nach. Das Buch begleitet mich, seit ich ernsthaft gärtnere.

John Seymours »Leben auf dem Lande« hatte mich begeistert. Es ist anschaulich illustriert und deckt alle wesentlichen Aspekte des Landlebens ab. Sollte ich neue Projekte in Angriff nehmen, z.B. einen Ofen bauen wollen, würde ich als erstes die praktischen Vorschläge von Seymour zu Rate ziehen. Anfangs, als Zweifel an dem eingeschlagenen Weg aufkamen und ich Vertrauen brauchte, half mir Seymours Buch, wieder an mich und meine Pläne zu glauben. Zwei Sätze aus dem Anfangskapitel möchte ich zitieren. Sie zeigen die Entschiedenheit Seymours, seinen Weg der Selbstständigkeit zu gehen. Dies sei ein Leben, schreibt er, »das Herausforderung, tägliche Initiative, Abwechslung, gelegentlich großen Erfolg, aber auch bodenlosen Misserfolg bei der Arbeit bringt, die Bereitschaft zur totalen Verantwortung dessen, was man macht oder nicht macht.« »Selbstversorgung ist kein Rückschritt zu niedrigerem Lebensstandard. Im Gegenteil, es ist ein Wetteifern um höheren Lebensstandard, nach guter, frischer, organisch gewachsener Nahrung, nach gutem Leben in angenehmer Umgebung, einem gesunden Körper und Seelenruhe.« Seymour hatte ein sehr bewegtes Leben in Europa, Asien und Afrika unter anderem als Soldat und Landwirtschaftsexperte geführt. In der zweiten Lebenshälfte gelang es ihm, sich zusammen mit seiner Familie auf dem Lande zu verwurzeln. Selbstversorgung wurde ihm konsequent zum Anliegen. Er starb im Alter von 90 Jahren. Mit Recht kann man ihn als europäischen Pionier der Selbstversorgung bezeichnen.

Noch ehe ich Fachbücher und -artikel las, hatte ich in einem der damals seltenen Bioläden ein Buch gekauft. Es trug den viel versprechenden Titel: »Mulch - Gärtnern ohne Arbeit«. Die Lektüre überzeugte mich. Als blutiger Anfänger war ich sowieso leicht zu überzeugen. Die Mulch-Methode blieb aber mein wichtigster Verbündeter im Bemühen um gesunde Erde und gesunde Früchte. Die Autorin Ruth Stout (geb. 1884) begann mit 46 Jahren zu gärtnern. Zunächst benutzte sie viele Jahre konventionelle Methoden. Sie ließ ihren Acker pflügen. Alles andere bewältigte sie selbst. Die Abhängigkeit davon, dass das Feld erst gepflügt werden musste, bevor sie Hand anlegen konnte, ließ sie eine neue Methode erdenken. Als sie wieder einmal vergebens darauf wartete, dass der Bauer mit seinem Pflug anrückte, entschied sie, die Saat einzubringen, egal, was da sonst noch wuchs. Die Erde bedeckte sie dick mit Heu, um das Unkraut am Wachstum zu behindern. Der Ernteerfolg war überraschend und motivierte Stout zu Experimenten mit der Mulch-Methode. Sie ging dazu über, den Acker ganzjährig zu bedecken. Auf diese Weise sparte sie einen großen Teil der sonst üblichen Gartenarbeit ein. Die Ernten bestätigten sie sowieso. Stouts erstes Buch (1955) trägt den bezeichnenden Titel: »How to have a green Thumb without an aching Back« (»Wie kann man einen grünen Daumen haben ohne einen schmerzenden Rücken.«) Mit ihrer Methode konnte Stout bis ins hohe Alter ihren Garten bewirtschaften. Sie starb im Alter von 90 Jahren.

27. Getreide für Biogas

Die Wetterau galt als »Kornkammer Hessens«. Davon erfuhr ich als Schulkind im Heimatkunde-Unterricht. Die Volksschule war damals ein idyllischer Platz für Kinder. Wir lernten ohne Druck, zu schreiben und zu lesen, spielten auf dem Schulhof Fußball oder Fangen. Der Lehrer organisierte eine Klassenfahrt auf dem Rheindampfer zwischen Mainz und Koblenz und eine andere zum Felsenmeer im Odenwald. Meine Schulhefte führte ich meist recht kreativ, ich durfte auch hineinmalen. Am besten gefiel mir die Heimatkunde. Für jedes neue Thema erhielten wir Blätter, die wir ausmalen sollten. Mit viel Liebe setzte ich mich daran, verlieh den Gebirgen ein kräftiges Braun, den Flüssen ausreichend Blau und den Städten ordentlich Rot. Die landwirtschaftlichen Gebiete wurden saftig grün gekennzeichnet.

Seit dem Zweiten Weltkrieg waren gerade mal zwölf Jahre vergangen. Noch immer hing die Angst vor Hunger und Entbehrung in der Luft. Hinzu kam die Angst vor dem nächsten Krieg, der nun mit Atombomben ausgetragen werden sollte. In dieser Atmosphäre hörte es sich für ein Kind ermutigend und Halt gebend an, wenn das Land über eine »Kornkammer« verfügt, also über ein fruchtbares Gebiet, dessen Erzeugnisse die Nahrung der Menschen sicherstellen konnte. In Hessen war das die Wetterau. Wenn ich an sie erinnert werde, tauchen alte Gefühle auf, so auch eine Art Stolz auf jenes Land, das von der Natur so reich beschenkt ist und in dem ich aufgewachsen war.

Kürzlich erzählte mir ein guter Bekannter eine Geschichte, die der Wetterau kein gutes Zeugnis ausstellte. Er stammt von dort. Während eines

Besuchs in der alten Heimat kam er ins Gespräch mit einem jungen Landwirt. Es war Herbst. Zusammen mit seinem Vater und seinem Bruder erntete er Äpfel von der familieneigenen Streuobstwiese. Der Landwirt, dem der angrenzende Acker gehörte, gesellte sich zu ihnen. Man kam ins Reden. Er ist ein studierter Agraringenieur und baut auf seinen Ländereien Weizen an. Über seine Ernte, so behauptete er, mache er sich keine Sorgen mehr. Dazu sollte man wissen, dass im letzten Jahr die Getreideernte durch die misslichen Wetterverhältnisse erschwert und mancherorts gefährdet war. Diese Probleme hätte er nicht, sagte der Bauer, er würde ernten, was gewachsen war. Ob das Getreide verpilzt und angefault oder ob es vom Sturm flach gelegt wäre, würde nichts am Verdienst ändern. Warum? Das sollte doch mal Brot werden, warf mein Bekannter ein. Nee, sagte der Landwirt grinsend. Das gehe alles in die Biogasanlage, damit verdiene er deutlich mehr Geld, als wenn er für Nahrungsmittel produziere würde. Der Bekannte staunte. Er war etwas schockiert. Das schien der Bauer zu bemerken, denn er fügte gewissermaßen in moralischer Absicherung hinzu, was sie von dort aus an Äckern überblicken würden, käme zum größten Teil in die Biogasanlagen. Da sie von einer erhöhten Position auf das umgebende Land blickten, handelte es sich um große Teile der Wetterau.

Es ist wenig mehr als dreißig Jahre her, damals wohnten wir nicht weit von der Wetterau entfernt. Christa fuhr einige Male auf einen Biohof, der am Rande des Gebiets wirtschaftete, um Lebensmittel zu kaufen. Unsere Ausflüge mit den Kindern führten mehrfach zur Münzenburg. Vom Turm aus hat man eine bemerkenswerte Aussicht auf die Umgebung. Damals erzählte ich den Kindern stolz, was sie hier sähen, sei die Wetterau. Von diesem Land kommt das Getreide für unser Brot.

28. Ein treuer Gefährte

Eine gute Freundin bat drängend darum, dass ich auch über unsere Katzen schreibe.

Zur Einleitung muss ich dem Schicksal Raum geben. Es fordert unbezwingbar und nicht korrumpierbar unsere gymnastischen Fähigkeiten heraus. Der alte Rücken soll bedient werden. Wir liegen auf dem Boden des Wohnzimmers, genauer: auf den gepolsterten Auflagen der Gartenbank. Sie ersetzen die Gymnastikmatten. Seltsame Übungen werden vollführt, gestreckte Beine einzeln nach oben gezwungen, die Zehen angezogen, die Ferse möglichst weit rausgeschoben. Oder wir liegen auf dem Bauch und winkeln die Beine an, unterstützt von einem Arm, der sie heranzieht. Die faulen Muskeln und Sehnen wollen eigentlich nicht so malträtiert werden. Und so gehen wir eine nach der anderen verordneten Übung durch, obwohl die Schmerzsignale des Körpers eindeutig Widerspruch einlegen.

Das wäre nicht so bemerkenswert, wenn wir nicht einen interessierten Zuschauer hätten, den Kater Pablo. Er springt von seiner Aussichtsplattform auf der wulstigen Lehne des Sessels herunter, sobald die Polster ausgelegt werden. Seit dem Sommer betrachtet er sie als warme, weiche Schlafstelle, die extra für ihn auf die Gartenbank gelegt wurde. Auch jetzt im Winter hat sich diese Einstellung nicht geändert. Aber nun liegen da Menschen in gekrümmten Formen. Eine davon, eine Art Brücke, die durch anstrengendes Hochdrücken des Rückens gebildet wird, bietet dem Kater die Möglichkeit, in den Hohlraum zu kriechen und sich dort niederzulassen. Aber bald legt sich der Mensch wieder platt hin. Der Kater muss weichen. Er mustert kritisch, was noch alles passiert. Die Hände liegen jetzt an ausgestreckten Armen seitlich des menschlichen Körpers. Das wäre die Gelegenheit, diesen daran zu erinnern, wozu Hände da sind: zum Streicheln und Kraulen von Katern.

Pablo lebt seit drei Jahren bei uns. Wir hatten ihn eingeladen, weil der Kater Salve in die Jahre kam und wir ihm ein junges, aufmunterndes Wesen zur Seite stellen wollten. Das hatte sich auch gelohnt. Salve erlebte einen zweiten Frühling und tollte, rollte und fauchte wie ein junger Kater, wenn er mit dem pubertierenden Artgenossen spielte. Pablo erlernte von ihm das Mäusejagen, was uns ein wichtiges Anliegen war. Nach zwei Jahren verging Salve die zweite Jugend und er wurde immer rheumatischer. Die Schmerzen waren ihm anzusehen. Er quälte sich bei jeder Bewegung. Pablo gesellte sich zu ihm. Eng gekuschelt verbrachten sie viel Zeit zusammen. Aber Pablos Liebe änderte nichts daran, dass den guten Salve die Kräfte verließen. Schließlich riet uns der Tierarzt, der Quälerei ein Ende zu machen. Seither ist Salve durch ein Grab nahe den Rhododendren mit einem Holzkreuz präsent und ansonsten im Katzenhimmel.

Ähnlich wie Salve ist Pablo freundlich und anhänglich. Salve hatte ein weiches, grau meliertes Fell, Pablo hingegen ist schwarz mit einer großen Blässe vom Hals bis ins Gesicht. Im Gangbild unterscheiden sie sich auch. Während Pablos Gelenke akkurat funktionieren, hatte Salve mit seinen X-Beinen zu tun. Sie hinderten ihn zwar nicht am Springen und Klettern, aber der Galopp erregte Aufmerksamkeit, da die Hinterbeine nicht nur nach hinten, sondern auch gleichzeitig zur Seite geworfen wurden. Nach meinem Eindruck wusste Salve nichts davon. Deswegen berührte es ihn auch nicht, wenn sich mancher Mensch amüsierte. Er nahm es als pure Lebensfreude, die er ja gerne mit dem Zweibeinern teilte.

Pablo ist ein treuer Kamerad, fast wie ein Hund. Er begleitet mich auf dem Weg zum Postkasten an der Straße. Sie verläuft eine kleine Wegstrecke vom Haus entfernt. Während ich die Zeitung heraushole, schnuppert er in beide Straßenrichtungen und stellt sich jedes Mal erneut der Entscheidung,

ob er auf das gegenüberliegende Feld zur Mäusejagd oder lieber zurück ins Haus gehen will, wo es eventuell noch einen Futternachschlag geben kann. Bislang entscheidet er sich nach dem Lustprinzip und begleitet den Zweibeiner. Dann stellt er sich vor den Fressnapf und schaut erwartungsvoll zu mir hoch. So einfach funktioniert das.

Pablo geht ein besonderes Katzen-Gen ab. Während sein verstorbener Onkel (so ordneten wir Salve verwandtschaftsmäßig ein) im Vollbesitz seiner Kräfte gerne mal an Bäumen hochkletterte, scheint sich Pablo kaum um diese zu kümmern. Er macht schon mal einen Satz den Stamm hoch, aber dann kehrt er gleich um. Das ist eigentlich auch vernünftig. Salve seinerseits war in seiner Kletterbegeisterung öfters mal bis in die Baumkrone hochgeflitzt. Dort oben saß mitunter ein Vogel, der konnte aber fliegen. Kam dann einer von uns vorbei, wurde ein klägliches Maunzen von ganz weit oben vernommen. »Ach du meine Güte, was will er denn wieder da oben?«, entfuhr es dem Menschen. Selbst mit einer Leiter käme man nicht da oben hin. Es sei denn, man alarmiert die Feuerwehr. Aber das haben wir tunlichst sein gelassen. Der Kater muss sehen, wie er da runter kommt, sagten wir und bestätigten uns gegenseitig, denn Mitgefühl hatten wir ja auch. Wir kämen von da oben auch nicht so einfach herunter. Die Pädagogik setzte sich gegen das spezielle Katzen-Gen durch. Um welches Gen handelt es sich, wird man fragen. Ich kenne nicht den wissenschaftlichen Namen. In meinem Repertoire heißt es »Feuerwehr-Erwartungs-Gen«. Salve kam immer von selbst herunter. Man muss nicht jedes Gen bereitwillig bedienen.

Nun ist es Winter. Pablo verbringt die Tage meistens schlafend auf dem Sessel vor dem Ofen. Nur wenn ich draußen etwas zu tun habe, kommt er gerne mit. Vorgestern hat er teilnahmsvoll zugeschaut, als ich im Schlamm stehend den östlichen Graben mühevoll aufgemacht habe. In zwei Monaten fallen die ersten Arbeiten auf dem Gemüseacker an. Dann wird er wieder in meiner Nähe herumstreifen. Nachts aber geht er auf Mäusejagd. Nur in sehr verregneten oder kalten Nächten macht er es sich im Haus bequem. So ein Katzenleben hat etwas für sich. Ich würde allerdings die Mäuse gegen schmackhaftere Nahrung eintauschen.

29. Die Liebe der Erde

Wie im Vorwort angekündigt, versuche ich nun, diesem Gefühl von der Natur, von der Erde geliebt zu sein, Ausdruck zu geben. Das fällt mir nicht leicht. Verschiedene Widerstände schleichen sich ein, die ich dafür überwinden muss. Mancher mag die Rede von der Liebe der Erde für sentimental und unverständlich halten. Das stört mich wenig. Viel störender erlebe ich, wie mir selbst der Frieden verwehrt ist angesichts der Vorgänge in unserer Welt, wie wir Menschen im kleinen wie im großen, globalen Maßstab leben und uns gegen notwendige Veränderungen wehren. Ein Großteil der Menschheit lebt in Konflikten, Umweltzerstörung, Flucht und Krieg. Stets steht eine Macht auf, um Frieden zu verhindern, zu töten und zu zerstören.

Ohne Liebe und ihren Ausdruck in Mitgefühl, Güte, Geduld und Barmherzigkeit haben wir Menschen keine Zukunft. Vorerst ändert sich am selbst gemachten Unglück sehr wenig. Die Perspektiven sind miserabel. Ich ertappe mich in negativen Gedanken, in meiner Ohnmacht, in schwelender Misanthropie und im Kulturpessimismus, der sich an täglichen Nachrichten aus der Welt befriedigt.

Doch scheint es mir unmöglich zu sein, den Spiegel abzuwenden, in den wir täglich blicken. Wir können natürlich verdrängen, was wir da sehen – von uns selbst, von den Bedingungen, die wir mitgestalten, von der Zerstörung, an der wir mitwirken. Die Verdrängung ist nachvollziehbar. Es ist auf Dauer nicht auszuhalten, über Krieg und Hungersnöte auf unserer Welt informiert zu sein. Es ist auch kaum auszuhalten, wie wir mit unserem Handeln mitschuldig sind. Was mir fehlt, ist der Gegenentwurf. Von ihm würde ich mir die Kraft erhoffen, in den Spiegel zu schauen und zu ertragen, was ich dort sehe. Und dann will ich wissen, was ich tun kann.

Um nicht wegzuschauen, um mich der Realität zu stellen, brauche ich nicht nur Mut, sondern auch Zuversicht und Kraft, die ich in der Verbindung zu Mutter Erde erlebe. An die Mütterlichkeit der Erde zu denken, an sie zu glauben, bedeutet einen gewaltigen Sprung. Ob das menschliche Bewusstsein so flexibel sein kann? Die Erinnerung an jenen Tag, als mir die Rede von der Liebe der Erde in den Sinn kam, baut eine Brücke: Die Stimmung war voller Freude und Dankbarkeit. Ich fühlte mich eins mit dem Garten und seinem Leben. Es schien mir fast so, als wäre ich umfangen von einer ganz persönlichen Liebe. Da ich daran denke, kommt mir ein Lied auf die Lippen. Ich singe es ab und zu den Pflanzen vor. In seiner Schlichtheit mutet es archaisch an. Gewidmet ist es dem Leben, das die Erde uns schenkt. Das Lied stammt aus Norwegen. Ich kenne es in der Version von Lillebjørn Nilsen. Der Titel des Liedes lautet: »Danse, ikke gråte nå« (Tanze, weine nicht).

Denne jorda skal gi deg mat Sakte dansen trå Danse, ikke gråte nå Denne jorda Skal gi deg mat Denne elva skal gi deg vann Sakte dansen trå Danse, ikke gråte nå Denne elva skal gi deg vann Denne jenta skal fø ditt barn Sakte dansen trå Danse, ikke gråte nå Denne jenta skal fø ditt barn Denne jorda skal bli din grav Sakte dansen trå Danse, ikke gråte nå Denne jorda skal bli din grav.

Auf Deutsch lautet es sinngemäß:

»Diese Erde wird dir dein Essen schenken. Sanft tanzen, tanze, weine nicht. Diese Erde wird dir zu essen geben.

Diese Quelle wird dir dein Wasser geben. Sanft tanzen, tanze, weine nicht. Diese Quelle wird dir dein Wasser geben.

Dieses Mädchen wird dein Kind gebären. Sanft tanzen, tanze, weine nicht. Dieses Mädchen wird dein Kind gebären.

Diese Erde wird dein Grab werden. Sanft tanzen, tanze, weine nicht. Diese Erde wird dein Grab werden.«

Im Singen dieses Lieds kann ich den liebenden Austausch von Mensch, allem Leben und unserer Erde ganz nahe fühlen. Manchmal bin ich so ergriffen, dass mir die Tränen kommen. Dann erlebe ich mich als lebendigen Teil allen Lebens. Ist das die Basis zu verstehen, was mit dem Wortlaut »Die Liebe der Erde« gemeint ist? Offensichtlich braucht es ein tief reichendes Ergriffensein, um die Kraft des Lebens in und mit der Natur zu spüren. Sie ist in uns und wartet darauf, dass wir uns ihr öffnen.

Für Menschen, die im Kreislauf der Natur leben, und sich von dem, was sie der Erde an Gaben verdanken, abhängig sehen, dürfte der Wortlaut »Die Liebe der Erde« keine Diskussion wert sein. Ich habe ihn vorsichtshalber im Internet recherchiert, aber nichts dazu gefunden. Es ist auch nicht verwunderlich. Wenn von Liebe die Rede ist, dann meint der Mensch sich selbst. Als Krone der Schöpfung hat er gewissermaßen das Monopol auf Liebe. Kann ein Mensch Abstand finden zu dem Anspruch, selbst der Erzeuger von Liebe zu sein? Wobei die Erfahrung, sich geliebt zu fühlen, nichts Ungewöhnliches ist. Das fußt eben auf dem Standpunkt, Liebe erzeugen zu können. Aber anscheinend schwingt immer dieser Wunsch mit, der Liebe wert zu sein. Ansonsten wäre die empfangene Liebe keine echte. Bin ich es wert, geliebt zu werden? Die Unsicherheit über die Liebe rührt von ihrer Alleinstellung, die die abgekapselte Menschheit als Trophäe herumträgt.

Wir Menschen der industrialisierten Welt leben auf der Erde in dem Bewusstsein, sie sei so ein riesiges Ding, auf dem wir durch Schwerkraft gehalten werden. Ein mächtiger Apparat, den wir in einer Weise bedienen können, dass er unsere Bedürfnisse befriedigt. Eine Maschine gewissermaßen, an der wir herumbasteln können, um immer wieder Neues hervorzubringen. Eine Anlage mit Bestandteilen, die wir entdecken und für unsere Zwecke benutzen. Ein nie endendes Rätsel, das unser Denken und Forschen auf Trab hält. Ein Spielplatz der Abenteuer. Ein wandelnder Bildschirm, um uns zu unterhalten. Ein Supermarkt mit abertausend Angeboten: käuflich, besitzbar, regierbar. Eine Herausforderung an die Macht und Kontrolle, die wir ausüben.

Aber auch ein undurchschaubares Ungetüm, das unser Leben gefährdet. Ein Moloch, der uns ausstößt, um sich an uns laben. Ein Monster, das sich an unseren Ängsten ergötzt. Ein willkürliches Universum, dem unser Leben egal ist.

Von dieser Betrachtung ausgehend, wird die wechselseitige Distanz und Abwertung deutlich: Natur und Mensch haben eigentlich nichts gemeinsam. Wir sind einander nicht verbunden. Wir haben keine gemeinsame seelische Grundlage. Überhaupt wäre es für uns fraglich, von Seele zu sprechen. Das hat Konsequenzen für die Erfahrung von Liebe. Unsere abweisende, ausbeuterische Beziehung zur Natur, zur Erde, macht uns einsam. Wir klagen dies an und versuchen unsere Enttäuschung philosophisch oder psychologisch zu meistern. Wir suchen ständig nach Sinn und probieren entsprechende Vorschläge an uns aus, die uns die erlebte Einsamkeit im Universum erträglich machen. Der Ursprung dessen liegt in der Trennung des Menschen von der Natur. Ruft sie nach uns, will sie uns mütterlich in die Arme nehmen? Will sie uns Kraft geben? Wir wehren uns weiterhin.

Könnten wir unser Bewusstsein sensibel formen, dass wir in allem Beseelung erkennen, wären wir der *geteilten Liebe* näher. Sie wäre nicht alleine an uns Menschen gebunden. Wir könnten sie empfangen, ohne glauben zu müssen, sie entspringe nur unseren Nöten und Bedürfnissen. Wir müssten nicht überzeugt sein, wir alleine wären für Liebe zuständig, sonst existiere sie nicht.

Naturvölker sehen sich als Kinder des Universums. Sie können gar nicht all das Seiende und Lebendige auf Dinghaftes, auf eine Welt der Objekte reduzieren. Auf diese Idee können sie nicht kommen. Sie teilen ihr Leben mit allem Leben, denn alles Leben entstammt den schöpferischen Kräften des Universums. Ihre Beziehung zur Erde ist lebendig, von Dankbarkeit und Achtung getragen. Der Kontrast dieser Auffassung zum westlichen Seinsverständnis ist enorm. Wenn man die umgebende Welt als Ansammlung von Dingen und Objekten wahrnimmt, die zu manipulieren und auszubeuten sind, wird man unausweichlich die Welt zerstören. Dies passiert hauptsächlich als Folge zwanghafter Kontrolle und Macht über die Natur, über die Gaben der Erde. Wenn man die Welt als dinghaft und leblos wahrnimmt, beraubt man sich des Reichtums, der Schönheit und des Wissens, die in einem umfassenden Entwurf des Lebens, der allseitigen Beseelung, angelegt sind. Die Folge ist, dass das, wonach es einen aber verlangt, immer komplizierter und unglaubwürdiger wird: geliebt zu werden, um lieben zu können. Da ist weit und breit kein Echo für die Sehnsucht nach Liebe, höchstens der ständige, hilflose Aufruf: »Nun liebt doch endlich!«

Die dinghafte, ausbeutende Mentalität dringt selbst in ökologische Initiativen vor. In der Umsetzung der Energiewende wird nur von technischen Details gesprochen, von politischer Handhabung, von Investitionen, von natürlichen Ressourcen, von Interessenkonflikten usw. Ich habe noch keinen Menschen davon reden hören, der Wind sei ein Geschenk der Schöpfung und er biete sich großzügig an, uns in unserem Energiehunger entgegenzukommen. Oder er helfe uns, damit wir die Welt, die Atmosphäre, uns selbst und das Leben auf der Erde weniger vergiften. Ich habe noch niemanden reden hören, die Sonne schenke sich uns mit ihrer Kraft. Oder das Wasser der Flüsse akzeptiere es, gestaut zu werden, um seine Kraft auf die Turbinen zu übertragen. Selbst in hehren ökologischen Absichten sind wir eigentlich primitiv materialistisch und unterscheiden uns nur im Kalkül, sind aber nicht weniger ausbeutungs- und profitsüchtig. Ökologie läuft nach alten bekannten Mustern ab. Sie kann aber überzeugend sein, wenn die Fiktion aufgehoben wird, die Welt bestehe nur aus Ansammlung von Materie, Kostenfaktoren und Profitmargen.

Ökologie ist lieblos, ein Zeugnis geistiger und seelischer Verarmung, wenn sie der herrschenden Ökonomie ausgeliefert wird. Es geht den Investoren nicht um die Liebe der Erde. Es geht um Profite, um Aktienkurse, um Rentabilität, um finanzielles Wachstum, um Spekulation. Auch biologisch bewirtschaftete Ackerflächen und ihre Ernten sind vor Ausverkauf und Spekulation nicht geschützt. Es ist eine missbrauchte

Ökologie. Ihr Wissen, das in den letzten Jahren gewachsen ist und für uns alle so wertvoll sein kann, wird gestückelt, reduziert auf ökonomische Interessen. Angaangaq, Schamane und Weisheitshüter aus dem Eskimo-Volk der Kalaallit, sagt treffend: »Nie zuvor waren Menschen so gebildet wie heute. Aber das große Wissen, das wir uns angeeignet haben, hat das Leben nicht zum Guten gekehrt ... Wir haben nicht gelernt, unser immenses Wissen weise anzuwenden.« Was fehlt uns, damit wir unser wachsendes Wissen zum Guten kehren? Angaangaq fordert, wir sollten »das Eis in unseren Herzen schmelzen«. Hierdurch könnten wir den Kontakt zur Erde wieder herstellen. Wir sollten uns der Aufgabe annehmen, »Wächter und Hüter der Erde« zu sein, denn »diesen Job haben wir nicht gut gemacht«. »Wir haben«, so fährt er fort, »alles durcheinandergebracht – einschließlich unser selbst. Deshalb: Wenn wir die Erde heilen wollen, müssen wir uns heilen.«

In dem Büchlein »Der Appell des Dalai Lama an die Welt« wird vernünftig argumentiert. Eine gemeinschaftliche Ethik würde uns aus der zerstörerischen Sackgasse herausführen, heißt es. »Unabhängig davon, ob wir einer Religion angehören oder nicht, haben wir alle eine elementare und menschliche ethische Urquelle in uns«, behauptet der Dalai Lama und sagt weiter: »Ethik und nicht Religion ist in der menschlichen Natur verankert.« Mitfühlen, so folgert er, sei die Basis menschlichen Zusammenlebens. Menschliche Entwicklung beruhe auf Kooperation, nicht auf Wettbewerb. »Von Natur aus« würden wir Menschen zu Güte, Harmonie und einem friedlichen Leben« neigen.

Als ich dies las, nickte ich zustimmend und fühlte mich in meinen Wünschen für die Menschheit und die Natur bestätigt. Darin bin ich gewiss nicht alleine. Aber es wird viele Zeitgenossen geben, die skeptisch reagieren. Sie sagen sinngemäß, das sei gut gemeint, doch nicht realistisch. Der Dalai Lama schränkt seine These indirekt ein, wenn er bald darauf behauptet, »ethische Bildung ab etwa 14 Jahren ist wichtiger als Religion. Bildung verändert alles. Menschen sind lernfähig.« Mir scheint es entschieden notwendig zu sein, dass die Bedingungen einigermaßen stimmen müssen, um die gemeinschaftliche Ethik wirkungsvoll zu machen – gesellschaftliche und politische Bedingungen, die eindeutig sagen, dass gemeinschaftliche Ethik gewollt ist. Und wir, Mensch für Mensch, müssten sie nicht nur vernünftig finden, sondern auch von Herzen anwenden wollen. Wir müssten sie untrennbar zu uns gehörig erleben.

Im Markus-Evangelium des Neuen Testaments lautet eine prägnante Aussage von Jesus: »Denn was hilft es dem Menschen, die ganze Welt zu gewinnen und Schaden zu nehmen an seiner Seele?« In dieser Übersetzung nach Martin Luther ist es die Seele, die leidet. Andere Übersetzungen sprechen sogar vom Verlust der Seele. Eine neuere Übersetzung handelt davon, dass der Mensch »im Herzen büßen« müsse dafür, dass ihm »die ganze Welt zu Füßen liegt«. »Was hat der Mensch Kostbareres als sein Herz?«, heißt Jesu Folgerung (nach der Übersetzung von Klaus Berger und Christiane Nord). Hier erscheint die Konsequenz vollzogen, die ethischen Maßstäben Wirkung verleiht. Es geht nicht ohne Herz und Seele. Wir brauchen diese Kraft, um ein allseits friedvolles Leben zu führen.

Eine repräsentative Umfrage des Bundesumweltministeriums unter 14- bis 22-Jährigen ergab kürzlich, ein Anteil von 44 % sei der Meinung, eine intakte Umwelt gehöre unbedingt zu einem guten Leben. Weitere 42 % stimmen »im Wesentlichen« dem Umweltschutz zu, wie es in einer Zeitungsnachricht des Weser Kuriers (26.01.2018) heißt. Im Kontrast dazu seien die Befragten aber nicht bereit, bei »Freude bringenden Dingen« Abstriche zu machen, wie zum Beispiel Flugreisen. Weniger als jeder Zehnte achte beim Kleiderkauf auf ökologische Herkunft. Nicht einmal dreißig Prozent der Befragten wollen aus Gründen des Umweltschutzes weniger Fleisch essen. Gleiche Prozentzahlen gelten dem Kauf von biologisch produzierten Lebensmitteln und der Nutzung von Recycling-Papier. Mehr als die Hälfte der jungen Leute in dieser Altersgruppe wollen nicht auf Plastiktüten verzichten. Der Umfrage zufolge sehen sie die Verantwortung für Umweltschutz beim Staat und der Gesetzgebung. Eine große Mehrheit von fast 90 % wünscht allerdings »mehr Aufklärung über die Folgen umweltschädlichen Konsums«.

Man könnte den jungen Menschen entgegenhalten, schon seit Jahren werde von vielen Seiten über schädliches Konsumverhalten informiert. Hat es Sinn, darauf zu verweisen, die ökonomischen Bedingungen würden Umweltschutz hintertreiben, da der Profit im Vordergrund stehe? Will das noch jemand hören? Andererseits fällt es uns Verbrauchern schwer, die Bequemlichkeiten zu überwinden. Das rücksichtslose, kindlich anmutende Konsumverhalten ist verinnerlicht, die Verführungskraft der Billigläden und -flieger, sich jederzeit so viel leisten zu können, schiebt das Wissen um deren Umweltschädlichkeit und das schlechte Gewissen beiseite. Die meisten der jungen Menschen nehmen diesen Konflikt gar nicht wahr. Die Verantwortung hierfür weisen sie der Politik zu.

Aber die Tatsachen der Zerstörung liegen nun mal auf dem Tisch. Nur: Wer wegsieht, bekommt sie nicht mit, oft schlimmer noch: will sie gar nicht mitbekommen.

Was braucht es, dass die heranwachsende Generation ihre Umwelt und den Niedergang der Natur mit anderen Augen wahrnimmt? Braucht es noch mehr Katastrophen und Schrecken? Noch mehr Kriege um Ressourcen und Profite? Braucht es direkte Bedrohungen im eigenen Lande, Bedrohungen des eigenen Lebens? Mit der Forderung nach mehr staatlichen Eingriffen blähen wir die Gesetzgebung und Bürokratie noch mehr auf. Damit vertiefen wir weiterhin den Widerspruch aus sozialen und Umweltbedürfnissen einerseits und Mechanismen der Kapital-Wirtschaft andererseits. Der Widerspruch wird nur faule Kompromisse erlauben. Das ist zurzeit anschaulich an der Auseinandersetzung um die giftigen Emissionen durch Kraftwerke, Autos, Flugzeuge, Schiffe usw. zu beobachten.

Und meine Generation, die Menschen im Alter ab etwa sechzig Jahren? Was ist von ihnen zu erwarten? Sie haben den Jüngeren nicht überzeugend eine Alternative vorgelebt. Viele halten es beispielsweise für den Traum ihres Lebens, sich auf riesigen, stinkenden Schiffen oder in Hotels sonnenreicher Gegenden all inclusive versorgen zu lassen. Sie investieren ihre Energie lieber in passive Bedürftigkeit, als ihrem Leben Tatkraft zu verleihen. Andererseits gibt es viele Ältere, die sich um die Welt von morgen sorgen. Sie wissen, ihre Kinder, Enkel und Urenkel werden die Konsequenzen aus unserer Lebensweise tragen müssen.

Wir brauchen kein weiteres wirtschaftliches Wachstum. Wir brauchen charakterliche Entwicklung zu mehr ethischer Verantwortung, für Tatkraft und eine mutige Haltung. Erich Fromm spricht in seinem bekannten Buch »Haben oder Sein« von 1976 davon, dass sich ein »neuer Mensch« entwickeln müsse. Der vorherrschende menschliche Charakter sei »pathogen«, also krank. »Zum ersten Mal in der Geschichte«, so meint Fromm, »hängt das physische Überleben der Menschheit von einer radikalen Veränderung des Herzens ab.« Er fährt mit der Forderung fort, »drastische ökonomische und soziale Veränderungen (müssen) eintreten, die dem einzelnen die Chance geben, sich zu wandeln, und den Mut und die Vorstellungskraft, die er braucht, um diese Veränderung zu erreichen.« Die Vorschläge Fromms werden schon lange, eigentlich seit der Industrialisierung im neunzehnten Jahrhundert diskutiert. Sie betreffen die Solidarität unter den Menschen, die Verhinderung menschlichen Leids, das Konsumverhalten, die Mitwirkung am gesellschaftlichen Leben, den Dienst der produktiven Kräfte am Menschen und das Verhältnis von Mensch und Natur.

Wir sollen also aus dem Herzen handeln, heißt die Quintessenz. Wie geht das? Über die politischen und ökonomischen Bedingungen, die im kapitalistischen System das gesellschaftliche Leben, das Leben des einzelnen Menschen und das Verhältnis zur Natur bestimmen, ist viel gesagt und geschrieben worden. Auch darüber, wie es gelingen könnte, diese Bedingungen zum Wohl der Menschen und der Welt zu verändern. Ohne Frage kommt der individuellen Verantwortung und den zugrunde liegenden Einsichten enorme Bedeutung zu. Doch ist die Basis für Veränderungen nach wie vor so brüchig, dass wir alle eine Halt gebende geistige Grundlage brauchen, sonst fallen wir immer wieder in die bekannten Mechanismen zurück. Man sieht das plausibel an der Einstellung der nachwachsenden Generation, wie ich es oben beschrieben habe. Was kann man auf die Frage des Herzens antworten? Ich glaube, es wird keine verlässliche Grundlage hierfür geben ohne tiefe emotionale Verbindung zur Erde, die uns das Leben ermöglicht. Für mich drückt sich dies in den Worten »Die Liebe der Erde« aus. Sie reagiert immer positiv, wenn ich mich auf ihre Mütterlichkeit, Weisheit und Kraft einlasse. Das Märchen von Frau Holle scheint mir den Weg des Herzens aufzuzeigen. Im Folgenden will ich darauf eingehen. In seiner Betrachtung kann unser Dilemma wie auch der mögliche Ausweg sichtbar werden.

30. Frau Holle – Mutter und Lehrerin eines guten Lebens

Als Kind wurde mir das Märchen von Frau Holle erzählt. Es gehört sicherlich zum Standard der Märchendichtung. Ganz offensichtlich fußt es auf sehr alten, vorchristlichen Motiven. Das zeigt der Fall der Heldin in eine andere, eine untere Wirklichkeit, in der ideale Verhältnisse herrschen: beste Versorgung mit allem Nötigen, Frieden, klare Regeln von Geben und Nehmen, eine gerechte Ordnung und über allem eine Herrscherin, die Halt verleiht, nicht mit Zuneigung geizt und über sehr viel Weisheit verfügt. Mit der christlichen Lehre ist die untere Welt zwar aufgehoben bzw. negativ belastet worden (»Hölle«), deren Eigenschaften und göttliche Kräfte wurden dafür nach oben in den Himmel verlegt.

Frau Holle habe ich wiederentdeckt, als ich mit den therapeutischen Imaginationsverfahren vertraut gemacht wurde. In einem vorherigen Kapitel (»Träumen«) habe ich das Verfahren mit einem praktischen Beispiel angesprochen. Es gleicht der Anleitung zu einer »Fantasiereise« und dient auch dazu, notwendige Einsichten zu erlangen.

Frau Holle ist. therapeutisch betrachtet, eine psychische Gestalt, die als »innere Helferin« auftritt. Man kann sie in der Imagination direkt ansprechen. Oder sie tritt spontan von selbst in Erscheinung, wenn Menschen im Tagtraum eine helfende Gestalt suchen oder erbitten. Da sie in den Bereich der seit alters verehrten Muttergöttin gehört, war und ist sie seelisch über unzählige Generationen präsent. Im Christentum wird sie in der Person der Gottesmutter hoch geschätzt und angerufen. Mariengläubige verbinden mit ihrem Gebet sehr intensive Gefühle. Das ist nichts

Neues, die Beziehung zur mütterlich-göttlichen Kraft ist gewiss eine ganz andere als zu einem männlichen Gott, woran auch die ausgeklügelsten theologischen Ideen nichts zu verändern mögen.

Zur Erinnerung hier das Grimmsche Märchen: *Frau Holle*

Eine Witwe hatte zwei Töchter, davon war die eine schön und fleißig, die andere häßlich und faul. Sie hatte aber die häßliche und faule, weil sie ihre rechte Tochter war, viel lieber, und die andere mußte alle Arbeit tun und der Aschenputtel im Hause sein. Das arme Mädchen mußte sich täglich auf die große Straße bei einem Brunnen setzen und mußte so viel spinnen, daß ihm das Blut aus den Fingern sprang. Nun trug es sich zu, daß die Spule einmal ganz blutig war, da bückte es sich damit in den Brunnen und wollte sie abwaschen; sie sprang ihm aber aus der Hand und fiel hinab. Es weinte, lief zur Stiefmutter und erzählte ihr das Unglück. Sie schalt es aber so heftig und war so unbarmherzig, daß sie sprach: »Hast du die Spule hinunterfallen lassen, so hol sie auch wieder herauf.« Da ging das Mädchen zu dem Brunnen zurück und wußte nicht, was es anfangen sollte; und in seiner Herzensangst sprang es in den Brunnen hinein, um die Spule zu holen. Es verlor die Besinnung, und als es erwachte und wieder zu sich selber kam, war es auf einer schönen Wiese, wo die Sonne schien und vieltausend Blumen standen. Auf dieser Wiese ging es fort und kam zu einem Backofen, der war voller Brot; das Brot aber rief: »Ach, zieh mich raus, zieh mich raus, sonst verbrenn ich: Ich bin schon längst ausgebacken.« Da trat es herzu und holte mit dem Brotschieber alles nacheinander heraus. Danach ging es weiter und kam zu einem Baum, der hing voll Äpfel, und rief ihm zu: »Ach, schüttel mich, schüttel mich, wir Äpfel sind alle miteinander reif.« Da schüttelte es den Baum, daß die Äpfel fielen, als regneten sie, und schüttelte, bis keiner mehr oben war; und als es alle in einen Haufen zusammengelegt hatte, ging es wieder weiter. Endlich kam es zu einem kleinen Haus, daraus guckte eine alte Frau, weil sie aber so große Zähne hatte, ward ihm angst, und es wollte fortlaufen. Die alte Frau aber rief ihm nach: »Was fürchtest du dich, liebes Kind? Bleib bei mir, wenn du alle Arbeit im Hause ordentlich tun willst, so soll dir's gut gehn. Du mußt nur achtgeben, daß du mein Bett gut machst und es fleißig aufschüttelst, daß die Federn fliegen, dann schneit es in der Welt; ich bin die Frau Holle.« Weil die Alte ihm so gut zusprach, so faßte sich das Mädchen ein Herz, willigte ein und begab sich in ihren Dienst. Es besorgte auch alles nach ihrer Zufriedenheit und schüttelte ihr das Bett immer gewaltig, auf daß die Federn wie Schneeflocken umherflogen; dafür hatte es auch ein gut Leben bei ihr, kein böses Wort und alle Tage Gesottenes und Gebratenes. Nun war es eine Zeitlang bei der Frau Holle, da ward es traurig und wußte anfangs selbst nicht, was ihm fehlte, endlich merkte es, daß es Heimweh war; ob es ihm hier gleich vieltausendmal besser ging als zu Haus, so hatte es doch ein Verlangen dahin. Endlich sagte es zu ihr: »Ich habe den Jammer nach Haus gekriegt, und wenn es mir auch noch so gut hier unten geht, so kann ich doch nicht länger bleiben, ich muß wieder hinauf zu den Meinigen.« Die Frau Holle sagte: »Es gefällt mir, daß du wieder nach Haus verlangst, und weil du mir so treu gedient hast, so will ich dich selbst wieder hinaufbringen.« Sie nahm es darauf bei der Hand und führte es vor ein großes Tor. Das Tor ward aufgetan, und wie das Mädchen gerade darunter stand, fiel ein gewaltiger Goldregen, und alles Gold blieb an ihm hängen, so daß es über und über davon bedeckt war. »Das sollst du haben, weil du so fleißig gewesen bist«, sprach die Frau Holle und gab ihm auch die Spule wieder, die ihm in den Brunnen gefallen war. Darauf ward das Tor verschlossen, und das Mädchen befand sich oben auf der Welt, nicht weit von seiner Mutter Haus; und als es in den Hof kam, saß der Hahn auf dem Brunnen und rief:

»Kikeriki, Unsere goldene Jungfrau ist wieder hie.«

Da ging es hinein zu seiner Mutter, und weil es so mit Gold bedeckt ankam, ward es von ihr und der Schwester gut aufgenommen.

Das Mädchen erzählte alles, was ihm begegnet war, und als die Mutter hörte, wie es zu dem großen Reichtum gekommen war, wollte sie der andern, häßlichen und faulen Tochter gerne dasselbe Glück verschaffen. Sie mußte sich an den Brunnen setzen und spinnen; und damit ihre Spule blutig ward, stach sie sich in die Finger und stieß sich die Hand in die Dornhecke. Dann warf sie die Spule in den Brunnen und sprang selber hinein. Sie kam, wie die andere, auf die schöne Wiese und ging auf demselben Pfade weiter. Als sie zu dem Backofen gelangte, schrie das Brot wieder: »Ach, zieh mich raus, zieh mich raus, sonst verbrenn ich, ich bin schon längst ausgebacken.« Die Faule aber antwortete: »Da hätt ich Lust, mich schmutzig zu machen«, und ging fort. Bald kam sie zu dem Apfelbaum, der rief: »Ach, schüttel mich, schüttel mich, wir Äpfel sind alle miteinander reif.« Sie antwortete aber: »Du kommst mir recht, es könnte mir einer auf den Kopf fallen«, und ging damit weiter. Als sie vor der Frau Holle Haus kam, fürchtete sie sich nicht, weil sie von ihren großen Zähnen schon gehört hatte, und verdingte sich gleich zu ihr. Am ersten Tag tat sie sich Gewalt an, war fleißig und folgte der Frau Holle, wenn sie ihr etwas sagte, denn sie dachte an das viele Gold, das sie ihr schenken würde; am zweiten Tag aber fing sie schon an zu faulenzen, am dritten noch mehr, da wollte sie morgens gar nicht aufstehen. Sie machte auch der Frau Holle das Bett nicht, wie sich's gebührte, und schüttelte es nicht, daß die Federn aufflogen. Das ward die Frau Holle bald müde und sagte ihr den Dienst auf. Die Faule war das wohl zufrieden und meinte, nun würde der Goldregen kommen; die Frau Holle führte sie auch zu dem Tor, als sie aber darunterstand, ward statt des Goldes ein großer Kessel voll Pech ausgeschüttet. »Das ist zur Belohnung deiner Dienste«, sagte die Frau Holle und schloß das Tor zu. Da kam die Faule heim, aber sie war ganz mit Pech bedeckt, und der Hahn auf dem Brunnen, als er sie sah, rief:

»Kikeriki, Unsere schmutzige Jungfrau ist wieder hie.«

Das Pech aber blieb fest an ihr hängen und wollte, solange sie lebte, nicht abgehen.

Das Märchen lässt sich pädagogisch und psychologisch verstehen. Aber mir geht es hier um die spirituelle und geschichtliche Einordnung der Frau Holle. Hiermit kann eine soziale und ökonomische Sicht verbunden werden, die uns das Märchen im ethischen Sinne näherbringt.

Frau Holle gehört dem Kreis der übermenschlichen Muttergestalten an, die auf die alten Muttergottheiten zurückgehen. Freya, die nordische Göttin, ist eine solche »Herrin«, was »Freya« übersetzt auch bedeutet. Sie galt als die Göttin der Fruchtbarkeit und der Liebe. Auch wurde sie als Lehrerin des Zauberns angesehen. Die altgermanische Gottheit »Holda« dürfte die Namensgeberin für Frau Holle sein. Holda wurde, wie der Name ausdrückt, als wohlwollende Gottheit angesehen, »huldvoll«. Aber man musste ihr durchaus respektvoll begegnen. Wie alle zur Freundlichkeit neigenden Gottheiten, kann sich Holda, sprich Frau Holle, in eine abweisende, strafende wandeln. Am deutlichsten zeigte dies »Perchta«, die Entsprechung Frau Holles im Alpenraum. Auch sie wohnte in gartenähnlicher, paradiesischer Umgebung. Sie konnte ihre Welt verlassen und denen gefährlich werden, »die in irgendeinem Sinn aus den Gesetzen der Natur herausgefallen sind.« So vermutet es Ingrid Riedel in ihrem Buch »Die weise Frau« und schreibt weiter: »Wer sich gegen weibliche Rhythmen und Gesetzmäßigkeiten der Natur vergeht, kann Frau Holle auch als Nachtmar erleben.« Andererseits hält Riedel Frau Holle für eine Gottheit, die in vorchristlicher Zeit großen Einfluss hatte, »die den gesamten Lebensbereich durchwirkte.« Ihre Mission betraf auch das Land und seine Fruchtbarkeit. Segnungen für Fruchtbarkeit wurden ihrem Einfluss anvertraut.

Das Märchen von Frau Holle wird denen nicht gefallen, die materiell unbedingt reich sein wollen und dafür unethisches Verhalten in Kauf nehmen. Im Grunde finden wir die maßgebliche politische und ökonomische Welt hier widergespiegelt. Wie die reichen Industrienationen ihren Reichtum erworben haben und aufrechterhalten, ist ethisch nicht zu rechtfertigen. Das wirkt sich auf das seelische Befinden des einzelnen Menschen aus. Viele klagen, wie man sagt, »auf hohem Niveau«. Die Fixierung auf den verwöhnenden Lebensstandard hat Ähnlichkeit mit der Situation der Stiefschwester. Verwöhnung macht unselbständig und raubt dem Menschen seine Potenziale. Verwöhnung ist aber nicht zu verwechseln mit einer moralisch regelnden, fördernden und einfühlsamen Einstellung in der Erziehung. Diese Haltung wird durchaus von vielen Eltern ernst genommen. Der westliche Lebensstil ist jedoch fordernd und verwöhnend. Damit befindet sich der Mensch in den Industrienationen im Widerspruch zwischen Verwöhnung und Anspruch auf persönliche Reife bzw. Selbständigkeit. Beide Haltungen stehen zueinander im Widerspruch. Mag der einzelne zwar ökonomisch selbständig sein, so bleibt er damit im Rahmen kollektiver Verwöhnung. Und diese funktioniert auf Kosten vieler anderer Menschen, die für einen Hungerlohn arbeiten und den Reichtum der Verwöhnten möglich machen.

Das Märchen empfiehlt einen anderen als den materialistisch geprägten Lebensweg. Im Respekt des Mädchens für Frau Holle symbolisiert sich die Achtung vor den Aufgaben einer natürlichen Lebenshaltung. Frau Holle personifiziert die Weisheit und Macht der Natur. Im spirituellen Sinn verkörpert sie die Mutter Erde. Nur mit Hingabe an diese Kräfte und mit Vertrauen in sie vermag der Mensch glücklich zu werden. Zusammenarbeit im Rhythmus dessen, was sie nahelegen, schafft verlässliche Versorgung mit allem, was für das Leben gebraucht wird. Die Perspektive ist die eines Kindes, im Märchen des Mädchens. Es wird in die

Welt der Frau Holle hineinbefördert und erfährt dort deren Zuwendung. Das Mädchen erfüllt daraufhin die Aufträge von Frau Holle, sie nimmt die von ihr gestellten Aufgaben an.

Eltern wissen um die starke Gefühlsbindung in den Familien. Außerdem war jeder Erwachsene mal ein Kind und trägt in sich die Erfahrungen der Gefühle, die aus der Kindheit herrühren. Sie begründen auch unser gegenwärtiges Gefühlsleben, seine Widersprüche wie seine erfüllenden Seiten. Die Perspektive des Kindes zur Leben spendenden und gewährenden Mutter Erde ist Grundlage der erforderlichen emotionalen Haltung.. Sie verwirklicht den Weg des Herzens, indem sie unser Bewusstsein prägt und ebenso unser praktisches Leben. Ohne sie sind wir im übertragenen Sinne »Waisenkinder«.

Tatsächlich machen wir uns mit der vorherrschenden Lebens- und Produktionsweise psychisch und geistig zu Waisenkindern, bedürftig und zugleich einfühlsame Zuwendung abweisend wie ein Soziopath, der jeder Zuneigung misstraut, der mit Manipulation und Ausbeutung glaubt, mächtig zu sein. Im Grunde ist ein Soziopath aber ein schwacher, bemitleidenswerter Charakter, der sich angstvoll um innere Stabilität bemüht, indem er seine Bindungsbedürfnisse immer wieder zurückweist. So wie viele Menschen heute die Natur behandeln, wie sie die Erde ausbeuten und vergiften, benehmen sie sich soziopathisch. Und sie ziehen diejenigen, die integer sein möchten, mit in das kollektive Leiden hinein.

Im Blick auf die herrschenden Zustände in der Welt finden wir viele Anzeichen von Soziopathie, individueller wie kollektiver. Die grauenhaften Machenschaften des mittlerweile zerschlagenen »Kalifats« der IS-Dschihadisten sind ein überzeugendes Beispiel. Aber bei genauerem Hinsehen tragen alle politischen und militärischen Aktionen, die den Menschen ihre Freiheit rauben und sie erniedrigen, soziopathische Züge. In der Tat ist es überaus schwer, sich von soziopathischen Bedingungen fernzuhalten. Schon Waffenlieferungen, auch wenn sie in geringem Maße erfolgen, können viele

Menschen charakterlich verstricken, ohne dass sie das eigentlich wollen. Das bleibt aber an ihnen hängen, seelisch wie ethisch. Die Schuld und der letztlich nicht vermeidbare Schaden an der eigenen Seele werden bleiben.

Frau Holle ist eine klar zu erkennende Gestalt. Nicht nur ist sie mütterlich und gerecht, sie ist auch Halt gebend und wegweisend. Sie gewährt sogar der manipulativen Stiefschwester die Möglichkeit, sich zu bewähren und charakterlich zu wandeln. Darin sehe ich eine visionäre Aussage: Wir Menschen und Erdenkinder können uns wandeln. Wir können uns mit dem Halt und der Wegweisung, die uns Mutter Erde gewährt, der Natur wieder annähern. Wir können mit ihr liebend verbunden sein. Liebe haben wir dringend nötig.

Am Ende seines Aufenthaltes in der Welt der Frau Holle erhält das Mädchen einen Goldregen. Das lässt sich als großzügige Belohnung für sein Wohlverhalten verstehen. Aber dies macht erst Sinn, wenn es im Bezug zu dem Pech gesehen wird, mit dem die Stiefschwester die verdiente Quittung für ihr selbstsüchtiges Verhalten bekommt.

Pech wird aus Destillationsrückständen bei der Holzteerproduktion gewonnen. In alter Zeit diente siedendes Pech als Waffe. Es wurde von der Burgmauer über einen Vorsprung, die »Pechnase«, auf Angreifer geschüttet. Das bewirkte lebensgefährliche Verbrennungen. Als Werkstoff leistete Pech unverzichtbare Dienste bei der Abdichtung und Verklebung von Materialien, beispielsweise im Schiffsbau und bei Anstrichen.

Wahrscheinlich nimmt die Behandlung der Stiefschwester mit Pech Bezug auf frühere, bis ins Altertum zurückgehende Sanktionen. Die betreffenden Personen wurden mit Teer bestrichen und in Federn gewälzt. Ihre Strafe war so für jeden sichtbar. Diese Prozedur wurde in den USA des 19. Jahrhunderts noch oft angewandt. Symbolisch steht Pech für Schwarz, das im Mittelalter das Böse, den Teufel und den Unglauben darstellte. Schwarz steht kulturbedingt auch für Trauer und Tod. Schwarz wie Pech, hieß es früher. Viele Menschen fürchten sich vor den vorhergesagten Naturkatastrophen, vor Überschwemmungen, andererseits vor Wassernot wegen ausbleibenden Regens und vor anderen, auch tödlichen Entwicklungen. Manche denken es nicht nur, sondern sprechen es aus: Die Natur rächt sich. »Pech gehabt«, könnte man flapsig sagen, wenn es nicht so ernst wäre.

Gold wirkt im Kontrast zur Pechschwärze gegensätzlich. Doch dem Gold um seines materiellen Wertes willen nachzujagen, bringt Unglück, wie die Stiefschwester erfahren musste. Erst mit seinem symbolischen Gehalt verstehen wir, was das Märchen zeigen will. Seit alters stellt Gold eine symbolische Verbindung des Menschen zur göttlichen Welt her. Es macht das Heilige sichtbar und dient ebenso dazu, die Gottheit zu ehren. Gold strahlt, wie man sagt, und symbolisiert die Sonne, ihre Wärme, aber auch ihr durchdringendes, Kraft verleihendes Wesen. Gold steht auch für Weisheit, Inspiration und spirituelle Reifung.

Mit Pech und Gold sind zwei polare Wertbereiche gegenübergestellt. Da sie beide die seelische und spirituelle Welt des Menschen kennzeichnen, erscheint ihre Bedeutung plausibel: Die Herrin der Natur, die mütterliche Gottheit, die Wegweiserin Frau Holle weist eindeutig ihre Wertschätzung dem Mädchen zu, das sich mit seinen Absichten und seiner Tatkraft in die Welt ihrer Helferin einfügt. Von Gehorsamkeit oder blindem Gehorsam zu sprechen wäre zu oberflächlich, um den Sinngehalt zu verstehen. Es geht schlicht darum, sich der eigenen Absichten bewusst zu sein, ebenso der Entscheidungen, die im Leben getroffen werden. Wollen wir uns aus der Verbindung zur Mutter Erde lösen und ihre Gaben missverstehen als etwas, was unserer Willkür obliegt? Oder wollen wir uns einfügen in die Verantwortung, die uns die Erde anvertraut? Wollen wir Hüter ihres Reichtums sein? Wollen wir ihre Liebe?

31. Erste Anzeichen des Frühlings

Heute, am 5. März des neuen Jahres (2018), hatte ich endlich wieder im Garten zu tun. Nach fast vierzehn Tagen anhaltenden Frosts wehte eine zarte Brise von Südwest und machte erste Säuberungen der Beete möglich. Die Sonne schien den ganzen Tag und trieb die Temperatur auf zehn Grad plus hoch. Dadurch weichte die Erde an der Oberfläche auf. Als ich bei den Bienenkästen vorbeikam, hüpfte mein Herz. Die Bienen flogen aufgeregt um ihr Zuhause herum, ein gutes Signal. Sie haben die Frostperiode überstanden. Demnächst soll die Saat der Möhren eingebracht werden. Dafür habe ich den vorgesehenen Acker grob vorbereitet. Die getane Arbeit und die Abenddämmerung bescherten mir ein überaus gutes, friedliches Gefühl. Ich wünsche es meinen Mitmenschen. Wir könnten auf unserer Welt zufrieden und einträchtig zusammen sein. Wir hätten genügend Grundlagen für ein Leben in Zuversicht und Dankbarkeit. Nirgendwo müssten Kriege und Vertreibungen sein, nirgendwo müssten Menschen hungern. Die Erde müsste nicht ausgebeutet und vergiftet werden. Wir würden einträchtig mit ihr existieren. Mutter Erde würde für uns alle sorgen. Die Liebe der Erde ist keine Magie, sie ist real. In dieser Liebe zu leben ist nicht sentimental. Nun glaube ich geschrieben zu haben, was sie mir aufgetragen hat.

32. Eine Zeremonie

Vor achtzehn Jahren nahm ich an einer Zusammenkunft von Menschen teil, die sich zu Ehren der Berge auf einer Höhe von über zweitausend Meter versammelt hatten. Hoch oben, dem Himmel so nahe und doch der Erde in Gestalt dieser mächtigen Berge zutiefst verbunden, versuchten wir mit Wandern und geistigen Übungen, die Kraft, die auf uns überging, näher kennenzulernen. Jeden Morgen gingen wir vor das Seminarhaus und begrüßten die Schönheit des neuen Tages. Wir bildeten mit den Händen einen Kreis. Der Seminarleiter sprach wohltuende Worte, die zugleich ein Gebet waren, das dem Geist der Berge gewidmet war. An einem dieser Morgen, als die Sonne großzügig vom Himmel strahlte und wir gerade schweigend im Kreis standen, trat eine Frau aus dem Kreis vor. Sie stellte in die Mitte des Kreises eine kleine Vase mit Alpenblümchen. Dann ergriff sie eine Rassel und streckte die Arme zum Himmel. Wir alle blickten erwartungsvoll zu ihr hin. Was würde sie jetzt tun?

Sie begann zu rasseln. Erst rasselte sie über den Blumen in der Vase. Dann ging sie mit sichtbarer innerer Konzentration zu einem der Teilnehmer, wobei sie nicht aufhörte zu rasseln. Sie blieb für einen Augenblick vor dem Teilnehmer stehen und rasselte vor seiner Brust. Schließlich kehrte sie zur Mitte zurück. Dort nahm sie das Rasseln über den Blumen wieder auf und ging zur nächsten Person im Kreis, wo sie das Gleiche wie vorher wiederholte. Auf diese Weise verfuhr sie mit jedem Teilnehmer. Am Ende des Rituals ordnete sie sich wieder in den Kreis ein. Der Seminarleiter begann ein Lied zu singen, das alle bereits kannten. Es richtete sich an die Sonne, die gebeten wurde, sich den Menschen im Kreis zuzuwenden. Sie möge, so wurde gesungen, Schmerzen und Leiden von ihnen nehmen und dem kühlen Wasser übergeben. Es handelte sich um einen Zweizeiler. Durch die Wiederholungen jeweils der letzten Zeile in der nächsten Strophe und das vierfache Singen löst das Lied eine wohltuende kontemplative Stimmung aus.

Nach der Zeremonie waren alle in guter Stimmung und bereit, die Ereignisse des Tages entgegenzunehmen.

Während des Mittagessens fragte ich die Frau, die das Ritual durchgeführt hatte, was sie damit vollzogen hätte und welches ihr Anliegen gewesen wäre. Sie sagte, die Blumen in der Mitte wären die Mutter Erde, der Mittelpunkt unseres Lebens. Mit dem Rasseln hätte sie die Kraft der Erde zu jedem Teilnehmer, zu jeder Teilnehmerin hingeführt. Direkt ins Herz. Sie hätte einen goldenen Faden dorthin gesponnen.

Gerne erinnere ich mich an jenen Morgen.

Quellennachweise

Franz Alt: Der Appell des Dalai Lama an die Welt. Wals bei Salzburg 2015
Angaangaq: Schmelzt das Eis in euren Herzen. München 2010
Das Neue Testament. In der Übersetzung von Klaus Berger und Christiane Nord. Frankfurt am Main 1999
Dorothea Forstner: Die Welt der christlichen Symbole. Innsbruck, Wien 1986
Erich Fromm: Haben oder Sein. Stuttgart 1976
Brüder Grimm: Kinder- und Hausmärchen. Ausgabe letzter Band. KHM 24
Scott und Hellen Nearing: Ein gutes Leben. Schaafheim o.J.
Scott und Hellen Nearing: Ein gutes Leben II. Schaafheim 1979
Novalis: Werke. Hamburg 1966
Erhard Hennig: Geheimnisse der fruchtbaren Böden. Nettersheim 1994
Marie-Luise Kreuter: Der Biogarten. München 1988
David Picard und Catarina N. Moreira: The Effect of Lunar Gravity on Grapevine Berry Quality. (David Picard) Lissabon 2015
Winfried Picard: Ein gutes Leben im Moor. Fischerhude 2017
Ingrid Riedel: Die weise Frau. Olten 1989
Frank Schäfer: Henry David Thoreau. Berlin 2017
Mechthild Scheffer und Wolf-Dieter Storl: Die Seelenpflanzen des Edvard Bach. München 1991
John Seymour: Leben auf dem Lande. Ravensburg 1976
Amy Stewart: Der Regenwurm ist immer der Gärtner. München 2016
Wolf-Dieter Storl: Der Garten als Mikrokosmos. Freiburg im Breisgau 1988
Wolf-Dieter Storl: Der Selbstversorger: Mein Gartenjahr. München 2017

Ruth Stout: Mulch - Gärtnern ohne Arbeit. Schaafheim 1984
Maarten t'Hart: Die grüne Hölle. München 2016
Peter Tompkins und Christopher Bird: Das geheime Leben der Pflanzen. Frankfurt/Main 1977
Peter Tompkins und Christopher Bird: Die Geheimnisse der guten Erde. München 1991
Henry D. Thoreau: Leben aus den Wurzeln. Freiburg im Breisgau 1978
Henry D. Thoreau: Walden. Zürich 1979
Anna Voigt und Nevill Drury: Das Vermächtnis der Traumzeit. München 1998

Dank

Mein Dank gilt Christa Malitz-Picard und Brigitta Rehage für Korrekturen und wertvolle Anregungen bei der Bearbeitung des Manuskripts. Ebenso bedanke ich mich bei Annette Freudling für das sorgfältige Lektorat und ihre Wertschätzung

Auch danke ich Linda und Kai Falkenberg für die spontane Zusage, dieses Buch in das Programm des Verlags Edition Falkenberg aufzunehmen.

Winfried Picard

Ein gutes Leben im Moor

Eine Familie zieht aufs Land

128 Seiten, 67 s/w Abbildungen
Taschenbuch, 14 x 19 cm
ISBN 978-3-95494-147-6
9,90 Euro

Auf dem Land lässt es sich gut leben. Winfried Picard beschreibt unterhaltsam und informativ, wie er mit seiner Familie seit fast drei Jahrzehnten eine Hofstelle im Teufelsmoor bewirtschaftet. Lebendig erzählt er vom Leben mit Schafen und Pferden, Hühnern und Katzen. Er schildert seine Erfahrungen mit der Selbstversorgung aus dem eigenen Garten. Neben Geschichten kommen auch Beobachtungen zu Wort, die zum Nachdenken anregen. Das Buch ist aus dem Fundus der Familie bebildert.

Inhalt